mathematik-abc für das Lehramt

H. Junek
Analysis

mathematik-abc für das Lehramt

Herausgegeben von

Prof. Dr. Stefan Deschauer, Dresden
Prof. Dr. Klaus Menzel, Schwäbisch Gmünd
Prof. Dr. Kurt Peter Müller, Karlsruhe

Die Mathematik-*ABC*-Reihe besteht aus thematisch in sich abgeschlossenen Einzel-
bänden zu den drei Schwerpunkten:

*A*lgebra und Analysis,
*B*ilder und Geometrie,
*C*omputer und Anwendungen.

In diesen drei Bereichen werden Standardthemen der mathematischen Grundbildung
gut verständlich behandelt, wobei Zielsetzung, Methoden und Schulbezug des
behandelten Themas im Vordergrund der Darstellung stehen.
Die einzelnen Bände sind nach einem „Zwei-Seiten-Konzept" aufgebaut: Der fach-
liche Inhalt wird fortlaufend auf den linken Seiten dargestellt, auf den gegenüberliegenden rechten Seiten finden sich im Sinne des „learning by doing" jeweils
zugehörige Beispiele, Aufgaben, stoffliche Ergänzungen und Ausblicke.
Die Beschränkung auf die wesentlichen fachlichen Inhalte und die Erläuterungen
anhand von Beispielen und Aufgaben erleichtern es dem Leser, sich auch im Selbst-
studium neue Inhalte anzueignen oder sich zur Prüfungsvorbereitung konzentriert mit
dem notwendigen Rüstzeug zu versehen. Aufgrund ihrer Schulrelevanz eignet sich
die Reihe auch zur Lehrerweiterbildung.

Analysis

Funktionen – Folgen – Reihen

Von Prof. Dr. Heinz Junek

Universität Potsdam

B. G. Teubner Stuttgart · Leipzig 1998

Prof. Dr. Heinz Junek

Geboren 1944 in Trautenau. Lehramtsstudium Mathematik und Physik von 1962 bis 1966, Promotion 1969 (Universelle Algebra) und Habilitation 1979 (Funktionalanalysis) an der Pädagogischen Hochschule Potsdam; Dozent 1979, Professor 1983. Seit 1991 Professor an der Universität Potsdam.

Arbeitsgebiet: Funktionalanalysis

junek@rz.uni-potsdam.de

Gedruckt auf chlorfrei gebleichtem Papier.

Die Deutsche Bibliothek – CIP-Einheitsaufnahme

Junek, Heinz:
Analysis : Funktionen – Folgen – Reihen /
von Heinz Junek. –
Stuttgart ; Leipzig : Teubner, 1998
　(Mathematik-ABC für das Lehramt)
　ISBN-13:978-3-519-00212-3　　e-ISBN-13:978-3-322-84791-1
　DOI: 10.1007/978-3-322-84791-1

Vorwort

Der vorliegende Band „Analysis" der Reihe "mathematik-abc für das Lehramt" ist eine elementar gehaltene Einführung in die Theorie und Anwendungen der eindimensionalen Analysis für Studienanfänger unter besonderer Berücksichtigung der Lehramtsstudenten. Dabei werden vor allem die folgenden Ziele verfolgt:

Dem Leser wird erstens ein möglichst schlanker und leicht nachzuvollziehender Aufbau der Analysis präsentiert, der sowohl die inneren Zusammenhänge der Theorie, ihre wichtigsten Begriffe und Methoden, aber auch die vielfältigen Anwendungen deutlich macht. Zu diesem Zweck ist der Stoff in kleine, gut überschaubare thematische Abschnitte unterteilt, die in der Regel auf jeweils zwei gegenüberliegenden Druckseiten behandelt werden: Dem Theorieteil auf der linken und den Aufgaben und Anwendungen zur Anregung und Selbstkontrolle des Lesers auf der rechten Seite.

Zweitens sollte dem Leser deutlich werden, daß die reelle Analysis auf wenigen Grundannahmen, nämlich den Axiomen des reellen Körpers, basiert. Philosophisch interpretiert bedeutet dies, daß jede mathematische Intelligenz, die diese wenigen Grundpostulate über den Körper der reellen Zahlen zum Ausgangspunkt nimmt, zwingend zur gleichen Analysis und zu den gleichen elementaren Funktionen gelangen würde.

Drittens werden, dem Anliegen der Lehramtsausbildung in besonderem Maße entgegenkommend, die Theorie und die Anwendung der elementaren Funktionen mit unterschiedlichen Techniken (Ordnungsrelation und Monotonie einerseits, Konvergenz und Reihendarstellung andererseits) immer wieder aufgegriffen und vertieft. Das betrifft insbesondere die Potenz- und Wurzelfunktionen, die ganzrationalen Funktionen, die Exponential- und Logarithmusfunktionen, die besondere Rolle der Basis e und die trigonometrischen Funktionen.

In einem abschließenden Abschnitt wird die Ausdehnung dieser Funktionen auf den komplexen Körper vorgenommen, um das Wechselspiel dieser Funktionen hervortreten zu lassen und den Fundamentalsatz der klassischen Algebra beweisen zu können. Aus dieser „komplexen Anhöhe" soll der Leser letztendlich ein tieferes Verständnis für die reellen Phänomene gewinnen.

Dem Vorgehen in der Schule entsprechend werden hier beim Aufbau der Analysis zwei verschiedene Techniken demonstriert: Die ersten drei Kapitel sind bewußt auf die Werkzeuge der Ordnungsrelation und Monotonie beschränkt, also auf Hilfsmittel, die in der Schule in den Klassenstufen 1 bis 10 entwickelt werden, während später der Betrag und die Konvergenzbegriffe das Hauptinstrument bilden. Durch dieses Vorgehen soll der Leser auch erkennen, daß der eigentliche Analysisunterricht in der Schule bereits mit der Einführung der reellen Zahlen einsetzt und keineswegs erst mit der Definition des Grenzwertes beginnt. Es sei jedoch vor dem falschen Eindruck gewarnt, daß die auf der Ordnung beruhenden Techniken nur etwas Vorläufiges oder Minderwertiges wären.

Dem ist nicht so; beide Methoden finden in der modernen Analysis ihre Fortsetzung, z.B. in Gestalt von Banachverbänden und von Banachräumen.

Die im Buch verwendete Symbolik entspricht dem mathematischen Standard und bedarf keiner zusätzlichen Erläuterung. Wie üblich bezeichnen $\mathbf{N}$, $\mathbf{Z}$, $\mathbf{Q}$, $\mathbf{R}$ und $\mathbf{C}$ die Bereiche der natürlichen, der ganzen, der rationalen, der reellen bzw. der komplexen Zahlen. Durch $\mathbf{N}^*$ und $\mathbf{R}^*$ werden die entsprechenden Bereiche ohne die 0 bezeichnet, und $\mathbf{Q}_+$ bzw. $\mathbf{R}_+$ stehen für die Mengen der nichtnegativen rationalen bzw. nichtnegativen reellen Zahlen. Dezimalbrüche sind meistens mit Dezimalpunkt statt Dezimalkomma geschrieben, da das die Lesbarkeit in Aufzählungen verbessert.

Definitionen, Sätze, Beispiele und Aufgaben sind innerhalb eines Unterabschnittes durchlaufend numeriert. Das Ende von Beweisen wird mit dem für diesen Zweck durch den ungarischen Mathematiker P. HALMOS populär gemachten Symbol ■ angezeigt.

Die zahlreichen Aufgaben fordern zu eigener mathematischer Beschäftigung auf und dienen der Anwendung und Festigung der Theorie. Ihre Bearbeitung hat wesentliche Bedeutung für das Verständnis der Analysis und wird daher nachdrücklich empfohlen. Etwas schwierigere Aufgaben werden durch Lösungshinweise unterstützt. Der Lösungsteil enthält die vollständigen Lösungen. Dort sollte man jedoch erst nach erfolgter Bearbeitung zur Kontrolle nachschlagen.

Die didaktische Konzeption des Buches basiert auf wiederholt gehaltenen Anfängervorlesungen zur Analysis für Lehramtskandidaten und hat sich entsprechend der oben genannten Zielstellungen mehrfach bewährt.

Abschließend gilt mein besonderer Dank den Herren Prof. Dr. S. Deschauer und Prof. Dr. W. Schulz, die große Teile des Manuskriptes durchgesehen haben und denen ich wertvolle Hinweise verdanke. Ich danke meinen Mitarbeitern Frau Dr. E. Fischer und Herrn Dr. A. Braunß für sorgfältiges Korrekturlesen, Frau H. Kirmse für das Schreiben großer Teile des Manuskriptes und Herrn G. Teschke, der die Mehrzahl der Abbildungen anfertigte. Schließlich ist es mir ein Bedürfnis, Herrn J. Weiß vom Teubner-Verlag für seine ständige Aufmerksamkeit und Begleitung bei der Entstehung des vorliegenden Buches herzlich zu danken.

Potsdam, Mai 1998   Heinz Junek

Inhalt

1 Der Körper der reellen Zahlen

1.1 Der geordnete Körper der reellen Zahlen

Zahlen haben sich als ein sehr geeignetes Instrument zur quantitativen Analyse von Sachverhalten in Theorie und Praxis erwiesen. Die Mindestanforderung an eine quantitative Methode besteht nämlich darin, daß man die Daten vergleichen und mittels der vier Grundrechenoperationen verarbeiten kann. Die kleinste mathematische Struktur mit diesen Eigenschaften ist der Körper $\mathbf{Q}$ der rationalen Zahlen. Für höhere Rechenoperationen, etwa das Wurzelziehen, ist dieser Zahlbereich jedoch noch zu klein. Wir erinnern hierzu an den Euklidischen Beweis für die Unlösbarkeit der Gleichung $x^2 = 2$ in $\mathbf{Q}$: Gäbe es nämlich eine rationale Lösung $x = \frac{m}{n}$, so wären $m = x \cdot n$ und $m^2 = x^2 \cdot n^2 = 2 \cdot n^2$.

Betrachtet man nun die Zerlegung in Primzahlpotenzen, so wird die Zahl 2 in m^2 in gerader Potenz, in $2 \cdot n^2$ jedoch in ungerader Potenz vorkommen. Widerspruch!

Als Grundlage für die Analysis dient daher der größere Körper $\mathbf{R}$ der reellen Zahlen. Die Existenz und die Eigenschaften dieser Struktur postulieren wir in den folgenden *Axiomen 1-10 des geordneten Körpers und dem wichtigen Vollständigkeitsaxiom, dem Axiom 11*, das wir in Abschnitt 1.2 angeben werden. Den diffizilen Nachweis, daß es eine solche Struktur überhaupt gibt, werden wir später führen.

Axiom 1: Addition und Multiplikation in $\mathbf{R}$ sind wohldefiniert und assoziativ, d.h., stets gelten $(a + b) + c = a + (b + c)$ und $(a \cdot b) \cdot c = a \cdot (b \cdot c)$.

Axiom 2: Addition und Multiplikation sind kommutativ, d.h., stets gelten $a + b = b + a$ und $a \cdot b = b \cdot a$.

Axiom 3: Die Addition ist umkehrbar, die Multiplikation ist bedingt umkehrbar: Jede Gleichung der Form $a + x = b$ besitzt genau eine Lösung x, die mit $x = b - a$ bezeichnet wird, und jede Gleichung $a \cdot y = b$ besitzt im Fall $a \neq 0$ genau eine Lösung $y = b : a = b / a$.

Axiom 4: Stets gilt $(a + b) \cdot c = a \cdot c + b \cdot c$.   (Distributivgesetz)

Axiom 5: Für alle $x \in \mathbf{R}$ gilt $x \leq x$.   (Reflexivität)

Axiom 6: Aus $x \leq y$ und $y \leq x$ folgt stets $x = y$.   (Antisymmetrie)

Axiom 7: Aus $x \leq y$ und $y \leq z$ folgt stets $x \leq z$.   (Transitivität)

Axiom 8: Für alle Paare $x, y \in \mathbf{R}$ gilt einer der Fälle $x \leq y$ oder $x \geq y$.   (Linearität)

Axiom 9: Aus $a < b$ folgt $a + c < b + c$ für alle $c \in \mathbf{R}$. (Monotoniegesetz der Addition)

Axiom 10: Aus $a < b$ und $c > 0$ folgt $a \cdot c < b \cdot c$. (Monotoniegesetz der Multiplikation)

Aus diesen wenigen Axiomen lassen sich nun weitere wichtige Formeln ableiten. Von besonderer Bedeutung für den Aufbau der Analysis sind dabei die nachfolgenden Sachverhalte. Wir beginnen mit einer Ergänzung zu Axiom 10:

Satz 1.1.1: Aus $a < b$ und $c < 0$ folgt $a \cdot c > b \cdot c$.

Beweis: Aus $c < 0$ folgt durch Addition von $-c$ aus Axiom 9 die Ungleichung $0 < -c$. Die Multiplikation der Ungleichung $a < b$ mit der positiven (!) Zahl $-c$ ergibt nach Axiom 10 die Aussage $-a \cdot c < -b \cdot c$, und durch Umstellen mit Axiom 9 folgt die Behauptung $b \cdot c < a \cdot c$. ∎

Heimlich haben wir bei diesem Beweis noch von der Gleichung $a \cdot (-c) = -(a \cdot c)$ Gebrauch gemacht. Die Gültigkeit dieser Formel folgt mit Axiom 4 aber aus der Gleichung $a \cdot c + a \cdot (-c) = a \cdot (c - c) = a \cdot 0 = 0$, denn dann muß das Produkt $a \cdot (-c)$ nach Axiom 3 das eindeutig bestimmte Entgegengesetzte zu $a \cdot c$ sein.

Satz 1.1.2: Für alle $x \in \mathbf{R}$ gilt $x^2 \geq 0$.

Beweis: Ungleichungen beweist man häufig durch Fallunterscheidungen, die auf Axiom 8 beruhen: Aus $x = 0$ folgt $x^2 = 0$. Ist $x > 0$, so folgt $x \cdot x > x \cdot 0 = 0$ nach Multiplikation mit x wegen Axiom 10. Ist $x < 0$, so folgt auch $x \cdot x > x \cdot 0 = 0$, diesmal wegen 1.1.1.∎

Satz 1.1.3 (Bernoullische[1] Ungleichung): Für alle $h \geq -1$ und alle $n \in \mathbf{N}$ gilt
$$1 + nh \leq (1 + h)^n.$$

Beweis: Aussagen mit natürlichzahligen Parametern werden häufig mittels vollständiger Induktion bewiesen. Für den Induktionsanfang $n = 0$ ist die Ungleichung trivial gültig.

Sie gelte nun für festes $n \in \mathbf{N}$. Durch Multiplikation von $(1 + h)^n \geq 1 + nh$ mit der nichtnegativen (!) Zahl $1 + h$ ergibt sich die Abschätzung

$$(1 + h)^{n+1} = (1 + h)(1 + h)^n \geq (1 + h)(1 + nh) = 1 + h + nh + nh^2 \geq 1 + h + nh = 1 + (n+1)h.$$

Damit ist die Bernoullische Ungleichung für alle $n \in \mathbf{N}$ bewiesen. ∎

An dieser Stelle eine Bemerkung zur Bedeutung von Ungleichungen. Durch die Vorsilbe „un" ist dieses Wort im Deutschen negativ belegt und betont die Ungleichheit. Daraus resultiert beim Anfänger häufig eine Unterschätzung des Wertes von Ungleichungen. Man muß sich aber klar machen, daß eine Ungleichung bereits eine „halbe" Gleichung ist und daß in den Fällen, in denen ein äquivalentes Umformen von Ausdrücken zu schwierig oder gar nicht mehr möglich ist, mit einer Abschätzung wenigstens noch eine Teilaussage erhalten werden kann. Die Bernoullische Ungleichung läßt auch eine geometrische Interpretation zu: Der Graph der linearen Funktion $g(h) = 1 + nh$ liegt unterhalb des Graphen von $f(h) = (1 + h)^n$, und wegen $g(0) = f(0) = 1$ ist $g(h) = 1 + nh$ die Gleichung der Tangente im Punkt $(0, 1)$.

---

[1] JAKOB BERNOULLI (1654-1705). Zum Bernoullischen Stammbaum gehören ferner die Mathematiker: JOHANN B. (1667-1748, jüngster Bruder Jakobs); NIKLAUS B. (1687-1759, Neffe und Schüler von Jakob und Johann); DANIEL B. (1700-1782, Sohn von Johann).

Aufgaben zum Rechnen in geordneten Körpern

Aufgabe 1.1.4: Zeigen Sie: Aus $x > 0$ folgt $x^{-1} > 0$!

Das Summenzeichen: Für jedes System $a_0, a_1, \ldots, a_n$ von reellen Zahlen definieren wir:

$$\sum_{i=m}^{n} a_i = \begin{cases} a_m + \ldots + a_n & \text{für } m < n, \\ a_m & \text{für } m = n, \\ 0 & \text{für } m > n. \end{cases}$$

Aufgabe 1.1.5: Begründen Sie folgende Formeln:

a) $\displaystyle\sum_{i=0}^{n} a_i + \sum_{i=0}^{n} b_i = \sum_{i=0}^{n} (a_i + b_i)$,   (Additivität)

b) $\displaystyle\sum_{i=0}^{n} a_i = \sum_{i=0}^{m} a_i + \sum_{i=m+1}^{n} a_i$ für $0 \le m \le n$,   (Zerlegungsformel)

c) $\displaystyle\sum_{i=m}^{n} a_i = \sum_{i=m+k}^{n+k} a_{i-k}$ für alle $k \in \mathbf{N}$.   (Indexverschiebung)

Aufgabe 1.1.6: Beweisen Sie die *arithmetische Summenformel:* $\displaystyle\sum_{i=1}^{n} i = \frac{n(n+1)}{2}$.

Aufgabe 1.1.7: Beweisen Sie durch vollständige Induktion oder Polynomdivision:

a) Geometrische Summenformel: $\displaystyle\sum_{k=0}^{n-1} x^k = \frac{x^n - 1}{x - 1}$, b) $\displaystyle\frac{x^n - a^n}{x - a} = \sum_{k=0}^{n-1} x^k a^{n-1-k}$.

Aufgabe 1.1.8: Der Binomialkoeffizient

$$\binom{n}{p} = \frac{n(n-1) \cdot \ldots \cdot (n-p+1)}{1 \cdot 2 \cdot \ldots \cdot p} = \frac{n!}{p!(n-p)!} \text{ für } n \ge p \text{ und } \binom{n}{p} = 0 \text{ für } n < p$$

ist für alle $n, p \in \mathbf{N}$ definiert und gibt für $n \ge p$ die Anzahl der Auswahlmöglichkeiten von p Objekten aus einem Vorrat von n Objekten an. Beweisen Sie für $n \ge p$ die Formel:

$$\binom{n}{p} + \binom{n}{p+1} = \binom{n+1}{p+1}. \qquad (\textit{Additionstheorem für Binomialkoeffizienten})$$

Aufgabe 1.1.9: Beweisen Sie durch vollständige Induktion oder kombinatorisch:

Binomischer Lehrsatz: $(x + y)^n = \displaystyle\sum_{j=0}^{n} \binom{n}{j} x^{n-j} y^j$ für alle $x, y \in \mathbf{R}$ und $n \in \mathbf{N}$.

1.2   Suprema und Infima, das Vollständigkeitsaxiom

Die Axiome 1 - 10 sind auch im Zahlbereich **Q** erfüllt, aber die besondere Qualität von **R** gegenüber **Q** besteht in dem nun zu erörternden Axiom 11, dem Vollständigkeitsaxiom. Wir schaffen uns zunächst das notwendige Instrumentarium:

Definition 1.2.1: Es sei A eine beliebige Teilmenge von **R**.

1) A heißt *nach oben beschränkt*, wenn es eine Zahl $x \in$ **R** mit $a \leq x$ für alle $a \in A$ gibt. Jedes x mit dieser Eigenschaft heißt eine *obere Schranke* von A.

2) Die kleinste obere Schranke von A heißt (im Fall der Existenz) das *Supremum* von A. Es gilt also

$x = \sup A \iff$ a) x ist eine obere Schranke von A und

b) ist x' eine weitere obere Schranke von A, so gilt $x \leq x'$,

oder äquivalent:

b*) für jedes $\varepsilon > 0$ ist $x - \varepsilon$ keine obere Schranke von A mehr.

Untere Schranken und *Infima* (größte untere Schranken) werden analog definiert.

Axiom 11 (Vollständigkeitsaxiom in **R**): Jede nach oben beschränkte, nichtleere Menge $A \subseteq$ **R** hat in **R** ein Supremum.

Dieses Axiom bildet die Grundlage für die gesamte Analysis, wir werden es sehr bald in Aktion erleben! Vorerst leiten wir einige Konsequenzen ab.

Satz 1.2.2: Sind $\emptyset \neq A, B \subseteq$ **R** nach oben beschränkte Mengen, so ist $\sup A + \sup B = \sup (A + B)$. Entsprechend gilt $\sup A \cdot \sup B = \sup (A \cdot B)$ für $\emptyset \neq A, B \subseteq$ **R**$_+$. Hierbei bedeuten $A + B = \{a + b : a \in A, b \in B\}$ und $A \cdot B = \{a \cdot b : a \in A, b \in B\}$.

Beweis: Wir begnügen uns mit dem Beweis der additiven Formel: Es seien $x = \sup A$ und $y = \sup B$. Dann gilt $a + b \leq x + y$ für alle $a \in A$ und alle $b \in B$ nach dem Monotoniegesetz. Insbesondere existiert $s = \sup (A + B)$, und es gilt $s \leq x + y$. Wäre aber $s < x + y$, so wäre $g = x + y - s > 0$. Wegen $x = \sup A$ und $y = \sup B$ existieren nach 1.2.1.2)b*) Zahlen $a \in A$ und $b \in B$ mit $x - \frac{g}{2} < a$ und $y - \frac{g}{2} < b$, und hieraus würde $s = x + y - g < a + b \leq s$ folgen. Widerspruch.   ∎

Satz 1.2.3 (Archimedisches[1] Axiom oder Axiom des Messens): Zu beliebigen reellen Zahlen $a, b > 0$ existiert eine natürliche Zahl $n \in$ **N** mit $b < na$.

Beweis: Wäre $na \leq b$ für alle $n \in$ **N**, so wäre die Menge $A = \{na : n \in$ **N**$\}$ nach oben durch b beschränkt. Wegen Axiom 11 existiert $s = \sup A$, und nach Satz 1.2.2 führt das auf den Widerspruch $s < s + a = \sup \{0, a, 2a, ...\} + \sup \{a\} = \sup \{a, 2a, 3a, ...\} \leq s$.   ∎

---

[1] ARCHIMEDES (287(?)-212 v. Chr.), Syrakus, "Integralrechnung", Hebelgesetz, Archimedisches Prinzip.

Aufgaben zu Suprema, Infima, Maxima und Minima

Die Begriffe Supremum und Infimum bereiten Anfängern immer Schwierigkeiten. Das liegt in der Natur der Sache, denn hiermit wird man erstmals in voller Schärfe mit dem Unendlichen konfrontiert! Bei der Übertragung der Erfahrungen im Umgang mit endlichen Mengen auf unendliche Mengen muß höchste Vorsicht geboten sein. So gibt es in jeder *endlichen* Menge A von Zahlen natürlich eine kleinste Zahl, die das Minimum von A genannt wird. Unendliche Mengen müssen aber kein Minimum haben, beispielsweise *gibt es keine kleinste positive reelle Zahl*! Supremum und Infimum dienen in gewisser Weise als Ersatz für Maxima und Minima.

Aufgabe 1.2.4: Man berechne: a) $\sup \{ \frac{n}{n+1} : n \in \mathbf{N}\}$, b) $\sup \{ \frac{n+1}{n} : n \in \mathbf{N}^*\}$!

Aufgabe 1.2.5: Es sei A eine nichtleere Teilmenge von $\mathbf{R}$. Man sagt, daß A ein (absolutes oder globales) *Maximum* hat, wenn es ein Element $a^* \in A$ mit $a \le a^*$ für alle $a \in A$ gibt. Analog wird das *Minimum* definiert. Beantworten Sie:

a) Ist das Maximum einer Menge auch ihr Supremum?
b) Hat die Menge $A = \{x : x \in \mathbf{R}$ und $x < 0\}$ ein Maximum/Supremum?
c) Hat die Menge $A = \{\arctan x : x \in \mathbf{R}\}$ ein Maximum/Supremum?
d) Welchen Wert hat $\inf \{x^2 - 4x + 6 : x \in \mathbf{R}\}$?

Aufgabe 1.2.6: a) Geben Sie die ausführliche Definition des Infimums an!
b) Es sei $\varnothing \ne A \subseteq \mathbf{R}$, und es sei $B = \{-a : a \in A\}$ die Menge der entgegengesetzten Elemente. Zeigen Sie $\inf A = -\sup B$, falls wenigstens eine der beiden Größen existiert!
c) Beweisen Sie die das Axiom 11 ergänzende Aussage: *Jede nach unten beschränkte, nichtleere Teilmenge $A \subseteq \mathbf{R}$ hat in $\mathbf{R}$ ein Infimum.*

Aufgabe 1.2.7: Beweisen Sie das Komplement zu 1.2.2: Sind $\varnothing \ne A, B \subseteq \mathbf{R}$ nach unten beschränkt, so gilt $\inf A + \inf B = \inf (A + B)$.

Aufgabe 1.2.8: Das Archimedische Axiom ermöglicht das Messen großer Entfernungen. Zeigen Sie, daß damit auch das Teilen im Mikrobereich möglich wird: Zu jeder (kleinen) positiven Zahl a gibt es eine natürliche Zahl n mit $0 < \frac{1}{n} < a$! Aus dieser Tatsache heraus rühren bei einigen theoretischen Physikern Zweifel an der Verwendbarkeit der reellen Zahlen zur Beschreibung des Mikrokosmos, denn die Heisenbergsche Unschärferelation verbietet in gewissem Sinn ein Messen beliebig kleiner Abstände. Verzichtet man jedoch auf das Archimedische Axiom, so ist wegen Satz 1.2.3 auch das Vollständigkeitsaxiom nicht mehr zu haben! Das Ergebnis wäre eine sehr viel schwierigere *nichtarchimedische* Analysis, die neuerdings als *p*-adische Analysis auch entwickelt wurde.

Bemerkung 1.2.9: In Anbetracht der in Aufgabe 1.2.8 genannten Bedenken und den noch zu erörternden, weitreichenden Konsequenzen aus dem Vollständigkeitsaxiom erhebt sich die grundlegende Frage nach der *Existenz des Zahlbereiches* $\mathbf{R}$ überhaupt! Wir werden dieses knifflige Problem in den Abschnitten 1.3, 3.4 und 3.7 erörtern!

1.3   Die Approximation reeller Zahlen durch rationale Zahlen

Wir zeigen in diesem Abschnitt, daß reelle Zahlen näherungsweise durch rationale Zahlen beschrieben werden können.

Satz 1.3.1: Zu jeder reellen Zahl b existiert genau eine ganze Zahl m mit $m \leq b < m+1$. Diese heißt der *ganze Teil* von b, in Zeichen $m = \text{Int}(b)$. (integer = ganze Zahl)

Beweis: Es genügt, den Beweis für $b > 0$ zu führen. Mit $a = 1$ folgt aus Satz 1.2.3, daß eine natürliche Zahl m mit $b < (m+1) \cdot 1 = m+1$ existiert. Es sei m die kleinste natürliche Zahl mit dieser Eigenschaft. Dann ist also $m \leq b < m+1$.   ∎

Satz 1.3.2 (Dichtheitsaxiom): Zu jedem Paar x, y reeller Zahlen mit $x < y$ existiert eine rationale Zahl r mit $x < r < y$.

Beweis: Wegen $y - x > 0$ existiert nach dem Archimedischen Axiom ein $n \in \mathbf{N}$ mit $1 < n \cdot (y - x)$. Weiter gibt es zu nx nach Satz 1.3.1 ein $m \in \mathbf{Z}$ mit $m \leq nx < m + 1$. Also ist

$$nx < m + 1 \leq nx + 1 < nx + n\,(y - x) = ny, \text{ und folglich } x < \frac{m+1}{n} < y.$$ ∎

Satz 1.3.3 (Approximation reeller Zahlen durch rationale Zahlen): Für jede reelle Zahl x gilt $x = \sup \{r \in \mathbf{Q} : r < x\}$.

Beweis: Es sei $A = \{r \in \mathbf{Q} : r < x\}$. Wegen 1.3.1 ist $A \neq \varnothing$. Daher existiert $s = \sup A$, und sicher ist $s \leq x$. Wäre aber $s < x$, so gäbe es nach dem Dichtheitsaxiom eine rationale Zahl r mit $s < r < x$ im Widerspruch zur Definition von s.   ∎

Die Dezimalbruchdarstellung reeller Zahlen

Es sei $x \in \mathbf{R}$ mit $x \geq 0$ beliebig gegeben. Die Zahlen

$$x_k = 10^{-k} \cdot \text{Int}\,(10^k \cdot x) \text{ für } k \in \mathbf{N}$$

sind rational, haben eine k-stellige Dezimalbruchdarstellung $x_k = a_0,a_1 a_2 \cdots a_k$ und erfüllen die Ungleichung $x_k \leq x$. (Für $x = \sqrt{2}$ ist z.B. $x_0 = 1$; $x_1 = 1{,}4$; $x_2 = 1{,}41$; ...) Sie heißen daher *untere dezimale Näherungen* von x. Wir zeigen $x = \sup \{x_k : k \in \mathbf{N}\}$. Falls $x' = \sup \{x_k : k \in \mathbf{N}\} < x$ wäre, so existierte nach Archimedes eine Zahl $n \in \mathbf{N}$ mit $1 < n\,(x - x') < 10^n\,(x - x') = 10^n\,x - 10^n\,x'$. Dann wäre aber $10^n\,x_n = \text{Int}(10^n\,x) \geq \text{Int}(10^n\,x' + 1) > 10^n\,x'$ im Widerspruch zu $x_n \leq x'$. In diesem Sinn kann jedem $x \geq 0$ eine Dezimalbruchentwicklung $x = a_0,a_1 a_2 a_3 \ldots$ zugeordnet werden. Das Rechnen mit den dezimalen Näherungen beruht auf dem Satz 1.2.2: Sind $\{x_k : k \in \mathbf{N}\}$ und $\{y_k : k \in \mathbf{N}\}$ die untereren dezimalen Näherungen zu x, $y \geq 0$, so gelten:

$$x + y = \sup\{x_k : k \in \mathbf{N}\} + \sup \{y_k : k \in \mathbf{N}\} = \sup\{x_k + y_k : k \in \mathbf{N}\} \text{ und}$$

$$x \cdot y = \sup\{x_k : k \in \mathbf{N}\} \cdot \sup\{y_k : k \in \mathbf{N}\} = \sup\{x_k \cdot y_k : k \in \mathbf{N}\}.$$

Die Dedekindsche Konstruktion von R

Wir haben bereits in 1.2.8 die Frage nach der Existenz des Körpers **R** und damit die Widerspruchsfreiheit der Axiome 1-11 angesprochen. Diese Frage wurde insbesondere von DEDEKIND[1] thematisiert (s. Literaturverzeichnis). Inzwischen sind zahlreiche Konstruktionsverfahren bekannt: Konstruktion mittels Dedekindscher Schnitte (s.u.), mittels Intervallschachtelungen (s.3.4), mittels Dezimalbrüchen oder mittels Cauchy-Folgen (Cantorsche Methode, s.3.7). Gemeinsam ist all diesen Verfahren, daß die irrationalen Zahlen in geeigneter Weise als ideale Objekte aus den rationalen Zahlen konstruiert werden. Damit ist die Existenz und Widerspruchsfreiheit von **R** auf die von **Q** zurückgeführt. Da wiederum **Q** via Bruchdarstellung aus **N** konstruiert werden kann, ist somit die Existenz von **R** auf die Widerspruchsfreiheit der Mengenlehre, insbesondere auf die Existenz einer unendlichen Menge, die man ja zur Konstruktion von **N** braucht, zurückgeführt. Wir skizzieren hier die Grundidee des Dedekindschen Verfahrens, ohne die notwendigen Nachweise aus Platzgründen führen zu können.

Definition 1.3.4: Unter einem *Dedekindschen Schnitt* in **Q** versteht man ein Paar (A, B) von Teilmengen $\varnothing \neq A, B \subseteq \mathbf{Q}$ mit den Eigenschaften:
a) Für alle $a \in A$ und $b \in B$ gilt $a \leq b$. Wir schreiben dafür kurz $A \leq B$.
b) A ist nach unten gesättigt, d.h., aus $x \leq a$ und $a \in A$ folgt $x \in A$,
B ist nach oben gesättigt, d.h., aus $b \leq y$ und $b \in B$ folgt $y \in B$.
c) A hat kein Maximum, B hat kein Minimum.
d) Es existiert höchstens ein $r \in \mathbf{Q}$ mit $A \leq r \leq B$.

Definition 1.3.5: Auf der Menge $\mathscr{D}$ aller Dedekindschen Schnitte definieren wir:
Eine *Ordnung*: $(A, B) \leq (C, D) \Leftrightarrow A \leq D\ (\Leftrightarrow A \subseteq C)$.
Eine *Addition*: $(A, B)+(C, D) = (A+C, B+D)$ mit $A + C = \{a+c : a \in A,\ c \in C\}$.
Eine *Multiplikation* (zunächst für positive Schnitte, später allgemein): Im Fall $0 \in A, C$ sei $(A, B)\cdot(C, D) = ((-\infty,0] \cup (A^+ \cdot C^+), B \cdot D)$ mit $A^+ = A \cap (0,\infty)$.

Freilich erfordert die Definition eine Rechtfertigung, insbesondere ist zu zeigen, daß die Resultate von Addition und Multiplikation wieder Schnitte sind. Das mag anschaulich zwar klar sein, muß aber bewiesen werden. Dieser Beweis beruht maßgeblich auf dem Archimedischen Axiom.

Nun zeigt man, daß in $\mathscr{D}$ die Axiome 1-11 erfüllt sind. Der Nachweis von Axiom 3 beruht z.B. auf der Feststellung, daß mit (A, B) auch $(-B,-A)$ ein Schnitt ist und daß $(A, B) + (-B,-A)=((-\infty, 0),(0, \infty)) \cong 0$ gilt.

Abschließend nimmt man eine Einbettung von **Q** in $\mathscr{D}$ vermöge $r \mapsto ((-\infty,r),(r,\infty)) \in \mathscr{D}$ vor und nennt das entstehende Gebilde **R**. Die irrationalen Zahlen sind in dieser Konstruktion gerade diejenigen Dedekindschen Schnitte $(A, B) \in \mathscr{D}$, für die es kein rationales Schnittelement $r \in \mathbf{Q}$ mit $A \leq r \leq B$ gibt. Die Ausführung aller Details ist recht mühevoll, aber es gibt keinen Königsweg zur Konstruktion von **R**.

---

[1] RICHARD DEDEKIND (1831-1916), Professor in Braunschweig, grundlegende Arbeiten zur Zahlentheorie.

1.4   Existenz und Eindeutigkeit n-ter Wurzeln in R

Die Nichtlösbarkeit der Gleichung $x^2 = 2$ im Zahlbereich **Q** war ein Hauptmotiv für die Erweiterung von **Q** zu **R**. Wir zeigen nun, daß in **R** solche Aufgaben lösbar sind:

Satz 1.4.1: Zu jeder natürlichen Zahl $n \geq 1$ und jeder reellen Zahl $a \geq 0$ existiert *genau* eine Zahl $w \geq 0$ mit $w^n = a$. Diese Zahl heißt die n-te *Wurzel* aus a, in Zeichen $w = \sqrt[n]{a}$.

Beweis: *Eindeutigkeit:* Aus $0 \leq w_1 < w_2$ folgt $w_1^n < w_2^n$, aus $w_1 \neq w_2$ also $w_1^n \neq w_2^n$.

Existenz: Es sei $a > 0$. Zunächst gilt $x^n = a$ genau dann, wenn x eine Nullstelle der Funktion $f(x) = x^n - a$ ist. Zur Ermittlung der Nullstellen von f wenden wir das *Newtonsche[1] Tangentenverfahren* an (Fig. 1.4.1): Wir wählen einen beliebigen Startwert $x_0 > 0$ mit $x_0^n \geq a$ und legen die „Tangente" g im Punkt $(x_0, f(x_0))$ an die Kurve $y = f(x)$. Die Nullstelle x_1 der linearen Funktion g ist dann eine Verbesserung von x_0, und wir erwarten, daß bei fortgesetzter Wiederholung des Verfahrens näherungsweise eine Nullstelle von f berechnet werden kann. Zur analytischen Durchführung dieser Idee benötigen wir die Gleichung der Tangente. Aus der Bernoullischen Ungleichung

$$1 + nh \leq (1+h)^n \text{ folgt mit } h = \frac{x}{x_0} - 1 \text{ für alle } x \geq 0 \text{ die Ungleichung } 1 + n\left(\frac{x}{x_0} - 1\right) \leq \frac{x^n}{x_0^n}.$$

Nach Multiplikation mit x_0^n und Subtraktion von a ergibt sich daraus

$$g(x) = (x_0^n - a) + nx_0^{n-1}(x - x_0) \leq x^n - a = f(x) \text{ für alle } x \geq 0. \tag{*}$$

Also stellt die *lineare* Funktion g wirklich eine Tangente an f im Punkt $(x_0, f(x_0))$ mit Nullstelle bei $x_1 = x_0 - \frac{x_0^n - a}{nx_0^{n-1}}$ dar. Wegen (*) ist $g(0) \leq 0 - a < 0 \leq x_0^n - a = g(x_0)$.

Somit gelten $0 < x_1 \leq x_0$ und $0 = g(x_1) \leq x_1^n - a$ (nochmals (*)). Wir können daher das Verfahren mit x_1 statt x_0 wiederholen. Auf diese Weise erhalten wir induktiv Zahlen

$$x_{j+1} = x_j - \frac{x_j^n - a}{nx_j^{n-1}} \quad \text{mit } 0 < x_{j+1} \leq x_j \text{ und } 0 \leq x_{j+1}^n - a \text{ für alle } j \in \mathbf{N}. \tag{**}$$

Wegen Axiom 11 existiert das Infimum $w = \inf\{x_j : j \in \mathbf{N}\}$. Wir zeigen $w^n = a$: Durch Umstellen von (**) folgt $x_{j+1} \cdot n \cdot x_j^{n-1} + x_j^n - a = nx_j^n$, und der Übergang zum Infimum liefert wegen 1.2.2 $w \cdot n \cdot w^{n-1} + w^n - a = nw^n$, also wie gewünscht $w^n = a$. ∎

---

[1] Isaac Newton (1643-1727), Professor in Cambridge, herausragender Physiker und Mathematiker.

Beispiel 1.4.2: Eine Quadratwurzelberechnung

Wir wenden die Methode zur Berechnung von Quadratwurzeln an. Für $n = 2$ vereinfacht sich die Formel (**) nach Kürzen zu

$$x_{j+1} = x_j - \frac{x_j^2 - a}{2x_j} = \frac{1}{2}\left(x_j + \frac{a}{x_j}\right).$$

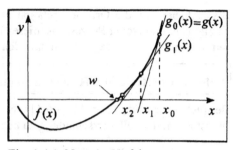

Fig. 1.4.1: Newton-Verfahren

Diese Vorschrift ist als Heron[2]-Formel oder als babylonisches[3] Wurzelziehen bekannt.

Als Beispiel wählen wir $a = 2$ und berechnen $w = \sqrt{2}$ näherungsweise: Mit $x_0 = 2$ ergibt sich der Reihe nach:

$x_1 = 1.500000000000000000000000000$,

$x_2 = 1.416666666666666666666666666$,

$x_3 = 1.414215686274509803921568627$,

$x_4 = 1.414213562374689910626295578$,

$x_5 = 1.414213562373095048801689623$.

Wir sehen, daß sich die Folge sehr schnell stabilisiert und daß $\sqrt{2} = 1.414 \pm 10^{-3}$ eine gute Näherung ist. Die erstaunlich rasche Konvergenz der Folge legt die Frage nach genaueren Fehlerabschätzungen nahe. Mit $w = \sqrt{a}$ erhält man wegen $w^2 - a = 0$ aus (**) mit der 3. binomischen Formel die Umformung

$$x_{j+1} - w = x_j - \frac{x_j^2 - a}{2x_j} - \left(w - \frac{w^2 - a}{2x_j}\right) = (x_j - w) + \frac{1}{2x_j}\left(w^2 - x_j^2\right)$$

$$= (x_j - w)\left(1 - \frac{1}{2x_j}(w + x_j)\right) = (x_j - w)(x_j - w) \cdot \frac{1}{2x_j}.$$

Im Fall $a, x_0 \geq 1$ ergibt sich also großzügig $|x_{j+1} - w| \leq 0.5 \cdot |x_j - w|^2$, eine sog. *quadratische Konvergenz*. Ist beispielsweise der Fehler $|x_1 - w| \leq 10^{-1}$, so sind $|x_2 - w| \leq 10^{-2}$ und $|x_3 - w| \leq 10^{-4}$. Die Zahl der gültigen Stellen wird also bei jedem Iterationsschritt verdoppelt.

Aufgabe 1.4.3: Ermitteln Sie $\sqrt{10}$ näherungsweise auf 2 Dezimalstellen!

Aufgabe 1.4.4: Beweisen Sie durch Probe $\sqrt[n]{ab} = \sqrt[n]{a}\sqrt[n]{b}$ und $\sqrt[n]{\sqrt[m]{a}} = \sqrt[n \cdot m]{a}$ für $a, b \geq 0$!

---

[2] HERON VON ALEXANDRIA (um 100 n. Chr.).
[3] Mesopotamische Mathematik 4.-2.Jt. v. Chr.

1.5   Beträge und Betragsungleichungen, Intervalle

Bisher haben wir die Ordnungsrelation als ein Hauptwerkzeug benutzt. Zur Untersuchung nicht monotoner Prozesse ist dieses Instrument jedoch weniger geeignet. Stattdessen werden wir die Betragsbildung und den Abstandsbegriff verwenden.

Definition 1.5.1: Für $a \in \mathbf{R}$ heißt $|a| = \max\{a, -a\} = \sqrt{a^2}$ der Betrag von a.

Beispielsweise sind $|12| = 12$, $|-6.5| = 6.5$ und $|\lg 0.1| = 1$, aber der variable Ausdruck $|x|$ ist nur durch Fallunterscheidung zu behandeln:

$$|x| = \begin{cases} x & \text{für } x \geq 0, \\ -x & \text{für } x < 0. \end{cases}$$

Satz 1.5.2 (Rechenregeln): Für alle $a, b \in \mathbf{R}$ gelten:

    a)   Stets ist $|a| \geq 0$, und es gilt $|a| = 0$ nur für $a = 0$,

    b) $|a + b| \leq |a| + |b|$,   (Dreiecksungleichung)

    c) $\left||a| - |b|\right| \leq |a - b|$,

    d) $|a \cdot b| = |a| \cdot |b|$,

    e) $|a| = |-a|$.

Beweis: Die Eigenschaft a) ergibt sich sofort aus der Definition. Zu b): Sind $a, b \geq 0$ oder $a, b \leq 0$, so gilt offenbar $|a + b| = |a| + |b|$. Wir betrachten nun den Fall $a < 0 \leq b$. Falls dabei $a + b \geq 0$ ausfällt, so ist $|a + b| = a + b < b = |b| \leq |a| + |b|$. Ist aber $a + b < 0$, so folgt $|a + b| = -(a + b) = -a - b \leq -a = |a| \leq |a| + |b|$. Zu c): Aus $|a| = |a - b + b| \leq |a - b| + |b|$ folgt $|a| - |b| \leq |a - b|$. Entsprechend zeigt man $|b| - |a| \leq |a - b|$. Zu d): Die Behauptung ergibt sich durch Untersuchung der Fälle 1) $0 \leq a, b$, 2) $a < 0 \leq b$ und 3) $a, b < 0$. Die Eigenschaft e) folgt aus d) mit $b = -1$.   ■

Definition 1.5.3: Je zwei Zahlen $a, b \in \mathbf{R}$ mit $a \leq b$ legen folgende Intervalle fest:

    $[a, b] = \{x \in \mathbf{R}: a \leq x \leq b\}$,   (abgeschlossenes Intervall)

    $(a, b) = \{x \in \mathbf{R}: a < x < b\}$,   (offenes Intervall)

    $[a, b) = \{x \in \mathbf{R}: a \leq x < b\}$,   (rechtsoffenes Intervall)

    $(a, b] = \{x \in \mathbf{R}: a < x \leq b\}$.   (linksoffenes Intervall)

Mit diesen Begriffen lassen sich Lösungsmengen von Betragsungleichungen gut beschreiben. Als Beispiel bestimmen wir die Menge $U = \{x: |x - a| < \varepsilon\}$ für eine fixierte Zahl $a \in \mathbf{R}$ und beliebiges $\varepsilon > 0$. Es ist

$$|x - a| < \varepsilon \Leftrightarrow x - a < \varepsilon \text{ und } -(x - a) < \varepsilon \Leftrightarrow x < a + \varepsilon \text{ und } -x + a < \varepsilon$$
$$\Leftrightarrow x < a + \varepsilon \text{ und } a - \varepsilon < x \quad \Leftrightarrow x \in (a - \varepsilon, a + \varepsilon).$$

Also ist $U = \{x: |x - a| < \varepsilon\} = (a - \varepsilon, a + \varepsilon)$ ein offenes Intervall mit Mittelpunkt a. Diese Menge heißt auch eine *ε-Umgebung* von a.

Aufgaben zu Ungleichungen und Beträgen

Zum Lösen von Ungleichungen und Betragsungleichungen verwendet man die üblichen Techniken, wie sie auch für das Lösen von Gleichungen benutzt werden. Für das Setzen des Relationszeichens sind jedoch die Monotoniegesetze Axiom 9, Axiom 10 und Satz 1.1.1 zu beachten! Insbesondere kehrt sich das Zeichen ≤ bei der Multiplikation mit negativen Zahlen um!

Aufgabe 1.5.4: Bestimmen Sie die Lösungsmengen der folgenden Ungleichungen:

a) $2(x-1) > 5 - 3x$,   b) $(x-2)(x^2+2) > 0$,   c) $\dfrac{x+1}{x+2} > 3$.

Aufgabe 1.5.5: Bestimmen Sie durch geeignete Fallunterscheidungen die Lösungsmengen der folgenden Betragsungleichungen:

a) $|x+2| < 3$,   b) $x^2 - 1 \le |x-1|$,   c) $|x-1| + |x-2| > 2$.

♦ Quadratische Ungleichungen löst man auch häufig mit der *Methode der quadratischen Ergänzung*:

Beispiel 1.5.6: Wir bestimmen die Lösungsmenge von $x^2 - 6x - 2 < 0$.

Lösung a: Wir ergänzen den Teilausdruck $x^2 - 6x$ zu einer binomischen Formel und erhalten folgende äquivalente Umformungen:

$$x^2 - 6x - 2 \quad < \quad 0$$
$$(x-3)^2 - 3^2 - 2 \quad < \quad 0$$
$$(x-3)^2 \quad < \quad 3^2 + 2 = 11$$
$$|x-3| \quad < \quad \sqrt{11}$$

Die Lösungsmenge ist also das offene Intervall
$$L = (3 - \sqrt{11}, 3 + \sqrt{11}).$$

Lösung b: Eine andere Methode besteht darin, statt der Ungleichung zunächst die *Gleichung* $f(x) = x^2 - 6x - 2 = 0$ zu lösen: Die Lösungsformel ergibt

$$x_{1,2} = 3 \pm \sqrt{9+2} = 3 \pm \sqrt{11},$$

und innerhalb der Intervalle $I_1 = (-\infty, x_2)$, $I_2 = (x_2, x_1)$, $I_3 = (x_1, \infty)$ können keine Vorzeichenwechsel mangels weiterer Nullstellen vorliegen. Mit drei beliebig gewählten Prüfpunkten entscheidet man das Verhalten innerhalb der Intervalle: $f(-10) = 100 + 60 - 2 > 0$, $f(0) = -2 < 0$ und $f(10) = 100 - 60 - 2 > 0$. Daraus folgt
$$L = I_2 = (x_2, x_1)$$ wie bei a).

Aufgabe 1.5.7: Lösen Sie:

a) $\sin(2x) > 0$,   b) $\lg(5x - x^2) > 0.1$,   c) $\sqrt[3]{|x^2 - 4x + 3|} < 1$.

Aufgabe 1.5.8: Zeichnen Sie die *Signum*-Funktion $\mathrm{sgn}(x) = \begin{cases} |x|/x & \text{für } x \ne 0 \\ 0 & \text{für } x = 0 \end{cases}$!

2 Elementare Funktionen

2.1 Grundbegriffe

Funktionen werden in der modernen Mathematik losgelöst von der Frage ihrer Berechnungsmöglichkeit zunächst als rein statische Objekte der Mengenlehre definiert:

Definition 2.1.1: Eine Funktion ist ein Tripel (X, f, Y), wobei X und Y beliebige Mengen sind und wo f, der Graph der Funktion, eine Teilmenge von $X \times Y$ mit der folgenden Eigenschaft ist:

Sind $(x, y_1), (x, y_2) \in f$, so ist $y_1 = y_2$.   (*Nacheindeutigkeit*)

Die Mengen X und Y heißen *Vor-* bzw. *Nachbereich* der Funktion f, und die Teilmengen

$\mathbf{D}(f) = \{\, x \in X : \text{Es existiert ein } y \in Y \text{ mit } (x, y) \in f \,\}$ und

$\mathbf{W}(f) = \{\, y \in Y : \text{Es existiert ein } x \in X \text{ mit } (x, y) \in f \,\}$

heißen *Definitions-* bzw. *Wertebereich* von f.

Wegen der Nacheindeutigkeit gehört zu jedem $x \in \mathbf{D}(f)$ genau ein $y \in Y$ mit $(x, y) \in f$, und dieser Wert y heißt *Funktionswert* zu x und wird durch $y = f(x)$ bezeichnet. Anstelle der Schreibweise (X, f, Y) benutzen wir meist die ausdrucksvollere Symbolik $f : X \to Y$ oder schreiben einfach f. Gelegentlich werden wir auch $x \mapsto y$ statt $y = f(x)$ verwenden. Zwei Funktionen $f : X \to Y$ und $g : X \to Y$ sind gleich, wenn sie *wertverlaufsgleich* sind, d.h. wenn $\mathbf{D}(f) = \mathbf{D}(g)$ und wenn $g(x) = f(x)$ für alle $x \in \mathbf{D}(f)$ gilt.

Eine Funktion $f = (X, f, Y)$ heißt eine Funktion *von X in Y*, wenn $\mathbf{D}(f) = X$ gilt. Gelten $\mathbf{D}(f) = X$ und $\mathbf{W}(f) = Y$, so heißt f eine Funktion *von X auf Y*. Schließlich heißt die Funktion f *voreindeutig* (oder *eineindeutig*), wenn $f(x_1) = f(x_2)$ stets $x_1 = x_2$ impliziert.

Die Verkettung von Funktionen: Sind $f : X \to Y$ und $g : Y \to Z$ zwei Funktionen, so läßt sich durch Aneinanderfügen eine neue Funktion $g \circ f : X \to Z$ durch

$$(g \circ f)(x) = g(f(x)) \text{ für alle } x \in \mathbf{D}(g \circ f) = \{x \in \mathbf{D}(f) : f(x) \in \mathbf{D}(g)\}$$

definieren. Diese Funktion heißt *Verkettung, Superposition* oder auch *Nacheinanderausführung* von f und g, und f bzw. g heißen *innere* bzw. *äußere* Funktion von $g \circ f$.

Eine Funktion g heißt *inverse Funktion* oder *Umkehrfunktion* zu f, in Zeichen $g = f^{-1}$, falls $(g \circ f)(x) = x$ und $(f \circ g)(y) = y$ für alle $x \in \mathbf{D}(f)$ und alle $y \in \mathbf{D}(g)$ gelten. Die Existenz von Umkehrfunktionen kann mit folgendem Kriterium überprüft werden:

Satz 2.1.2: Eine Funktion $f : X \to Y$ besitzt genau dann eine Umkehrfunktion, wenn f eineindeutig ist. In diesem Fall ist $\mathbf{D}(f^{-1}) = \mathbf{W}(f)$.

Darstellungsmöglichkeiten für Funktionen

So vielseitig der Anwendungsbereich des Funktionskonzepts ist, so vielseitig ist auch die Möglichkeit der Darstellung von Funktionen einschließlich ihrer Vor- und Nachteile:

- *Tabellarische Darstellung:*   Wertetabellen,

- *Analytische Darstellung:*   Funktionsgleichungen, Funktionalgleichungen,

- *Algorithmische Darstellung:*   Programme und Algorithmen,

- *Graphische Darstellung:*   Balkendiagramme, Kurven, Flächen.

Zur graphischen Darstellung einer reellen Funktion $y = f(x)$ mit *einer* reellen Veränderlichen x ist die Zeichenebene $\mathbf{R}^2$ geeignet: Die Paare $(x, f(x)) \in \mathbf{R}^2$ werden einfach als Punkte der Ebene interpretiert. In vielen Fällen entsteht hierbei eine Kurve, es können aber auch andere seltsame Punktmengen entstehen. Wir betrachten einige Beispiele:

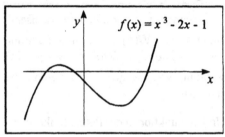

Fig. 2.1.1: Eine glatte Kurve

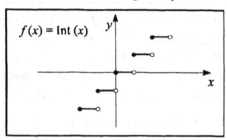

Fig. 2.1.2: Eine Sprungfunktion

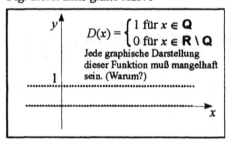

Fig. 2.1.3: Die Dirichlet-Funktion

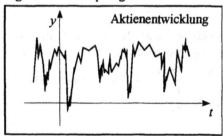

Fig. 2.1.4: Eine rauhe Funktion

Reelle Funktionen $f: \mathbf{R} \times \mathbf{R} \to \mathbf{R}$ mit zwei reellen Veränderlichen, $z = f(x, y)$, können entsprechend als Flächen im Raum veranschaulicht werden (s. Fig. 8.5.1).

Aufgabe 2.1.3: Bestimmen Sie die Gleichung der Umkehrfunktion zu $f(x) = 2x - 6$! Zeichnen Sie beide Funktionen im x-y-Koordinatensystem! Wie liegen die Graphen zueinander? Entsprechend für $f(x) = \sqrt{x+4}$!

Aufgabe 2.1.4:. Prüfen Sie, ob die Punktmenge $\{(x, y) \in \mathbf{R}^2 : y^2 - x^2 = 0\}$ Graph einer Funktion sein kann!

2.2   Monotone Funktionen

Wir wollen reelle Funktionen $f: \mathbf{R} \to \mathbf{R}$ mit Hilfe der Ordnungsrelation untersuchen. Der folgenden Begriffsbildung kommt bei diesem Vorgehen besondere Bedeutung zu.

Definition 2.2.1: Eine Funktion $f: \mathbf{R} \to \mathbf{R}$ heißt (*streng*) *monoton wachsend* auf einer Menge $M \subseteq \mathbf{D}(f)$, wenn für alle $x, x' \in M$ aus $x < x'$ stets $f(x) \le f(x')$ (bzw. $f(x) < f(x')$) folgt. Entsprechend definiert man monoton fallende Funktionen.

Die Potenzfunktionen $f_n(x) = x^n$ sind für $n \in \mathbf{N}^*$ auf $\mathbf{R}_+$ streng monoton wachsend.

Satz 2.2.2 (Erster Hauptsatz über monotone Funktionen): Ist eine Funktion $f: I \to \mathbf{W}(f)$ auf dem Intervall I *streng* monoton wachsend, so hat f eine Umkehrfunktion $f^{-1} : \mathbf{W}(f) \to I$, die selbst streng monoton wachsend ist.

Beweis: Aus $x \ne x'$ folgt jedenfalls $f(x) \ne f(x')$, denn f ist streng monoton wachsend. Folglich besitzt f nach Satz 2.1.2 eine Umkehrfunktion $f^{-1} : \mathbf{W}(f) \to I$. Diese Funktion ist selbst streng monoton wachsend, denn gäbe es Elemente $y, y' \in \mathbf{W}(f)$ mit $y < y'$, aber $x = f^{-1}(y) \ge f^{-1}(y') = x'$, so würde durch Anwendung von f wegen der Monotonie die Ungleichung $f(x) = y \ge y' = f(x')$ folgen. Widerspruch.   ∎

♦ Die Wurzelfunktionen $f_n(x) = \sqrt[n]{x}$ sind als Umkehrfunktionen der Potenzfunktionen auf $\mathbf{R}_+$ streng monoton wachsend.

Aufgabe 2.2.3: Beweisen Sie: Eine Funktion f ist auf einem Intervall I genau dann streng monoton wachsend, wenn für alle $a, b \in I$ mit $a \ne b$ die Ungleichung $\dfrac{f(b) - f(a)}{b - a} > 0$ gilt (geometrische Interpretation: Alle Sekanten haben positiven Anstieg).

2.3 Exponential- und Logarithmusfunktionen

Exponentialfunktionen $f(x) = a^x$ mit $a > 0$ und $a \ne 1$ gehören im Hinblick auf die Anwendungen zu den wichtigsten Funktionen. Sie treten insbesondere bei der Beschreibung von Evolutionsprozessen (z.B. Wachstums- und Sterbeprozesse) und auch in der Wahrscheinlichkeitstheorie auf. Doch wie können sie definiert werden? Was bedeutet beispielsweise 2^π ? In diesem Abschnitt werden wir die Funktionen $f(x) = a^x$ auf genetische Weise, also durch schrittweise Erweiterung des Definitionsbereiches beginnend bei $\mathbf{N}$ bis hin zu $\mathbf{R}$ einführen. Alternativ werden wir später Exponentialfunktionen auch durch Potenzreihen definieren. Wir begnügen uns mit dem Fall der Basis $a > 1$.

Definition 2.3.1: Es sei $a > 1$. Wir definieren:

1) $a^0 = 1$,

2) $a^n = a \cdot a^{n-1}$ für $n \in \mathbf{N}^*$,   (Wiederholte Multiplikation!)

3) $a^{-n} = \dfrac{1}{a^n}$ für $n \in \mathbf{N}^*$,   (Existenz der Division!)

4) $a^r = a^{\frac{m}{n}} = \sqrt[n]{a^m} = \left(\sqrt[n]{a}\right)^m$ für $r = \dfrac{m}{n} \in \mathbf{Q}$,   (Existenz der Wurzel!)

5) $a^x = \sup \{a^r : r \in \mathbf{Q}$ und $r < x \}$ für $x \in \mathbf{R}$.   (Vollständigkeitsaxiom!)

Die so definierte Funktion $f(x) = a^x$ heißt *Exponentialfunktion zur Basis a*.

Die Definition 2.3.1 erfordert einige Rechtfertigungen:

Zu 4): Es seien zwei verschiedene Darstellungen $r = \dfrac{m}{n} = \dfrac{m'}{n'}$ gegeben. Dann ist

$m \cdot n' = m' \cdot n$, und daher gilt $\sqrt[n]{a^m} = \sqrt[n]{\sqrt[n']{a^{mn'}}} = \sqrt[nn']{a^{m'n}} = \sqrt[n']{a^{m'}}$. Also ist 4) unabhängig von der konkreten Darstellung der rationalen Zahl r.

Zu 5): Für die Existenz des Supremums ist zu zeigen, daß die Menge $A_x = \{a^r : r < x$ und $r \in \mathbf{Q} \}$ nach oben beschränkt ist: Zu x existiert nach 1.3.1 eine natürliche Zahl p mit $x < p$. Aus $r = \dfrac{m}{n} < x < p$ folgen $m < np$ und $a^m < a^{np}$, und wegen der Monotonie der Wurzelfunktion ist $a^{\frac{m}{n}} = \sqrt[n]{a^m} < \sqrt[n]{a^{np}} = a^p$. Daher ist A_x durch a^p nach oben beschränkt. Schließlich hat man die Verträglichkeit von 4) und 5) für $x \in \mathbf{Q}$ zu zeigen. Wir überlassen den nicht ganz einfachen Beweis dem Leser. (Bernoullische Ungleichung benutzen!)

Satz 2.3.2 (Grundeigenschaften der Exponentialfunktion): Die in 2.3.1 definierte Funktion $f(x) = a^x$ hat für $a > 1$ die folgenden Eigenschaften:

1) $\mathbf{D}(f) = \mathbf{R}$,

2) f ist streng monoton wachsend auf $\mathbf{R}$,

3) $f(x + y) = a^{x+y} = a^x a^y = f(x) \cdot f(y)$ für alle $x, y \in \mathbf{R}$,

4) $\mathbf{W}(f) = (0, \infty)$.

Beweis: Zu 1): Dies folgt aus der Definition von f und obiger Rechtfertigung.

Zu 2): Es seien $x, x' \in \mathbf{R}$ mit $x < x'$ gegeben. Wegen 1.3.2 (zweimal anwenden) existieren Zahlen $r, r' \in \mathbf{Q}$ mit $x < r < r' < x'$. Damit folgt dann $a^x \le a^r < a^{r'} \le a^{x'}$.

Zu 3): Zunächst seien $r, s \in \mathbf{Q}$ mit $r = \frac{m}{n}$ und $s = \frac{p}{n}$ (Hauptnenner!). Nach 1.4.4 ist

$$a^r \cdot a^s = a^{\frac{m}{n}} \cdot a^{\frac{p}{n}} = \sqrt[n]{a^m} \cdot \sqrt[n]{a^p} = \sqrt[n]{a^m a^p} = a^{\frac{m+p}{n}} = a^{r+s}.$$

Für reelle x, y schließt man dann wie folgt: Es seien $A_x = \{a^r : r < x \text{ und } r \in \mathbf{Q}\}$ und $A_y = \{a^s : s < y \text{ und } s \in \mathbf{Q}\}$. Unter Verwendung von Satz 1.2.2 folgt dann

$$a^x \cdot a^y = \sup A_x \cdot \sup A_y = \sup(A_x \cdot A_y) = \sup \{a^{r+s} : r < x, s < y\}$$

$$= \sup \{a^t : t < x + y \text{ und } t \in \mathbf{Q}\} = a^{x+y}.$$

Zu 4): Zunächst ist $a^x = (a^{x/2})^2 \geq 0$ als Quadrat. Daher gilt $\mathbf{W}(f) \subseteq [0, \infty)$. Wegen $a^x \cdot a^{-x} = a^0 = 1$ ist $a^x \neq 0$ für alle $x \in \mathbf{R}$. Das zeigt $\mathbf{W}(f) \subseteq (0, \infty)$. Umgekehrt haben wir noch zu zeigen, daß zu jedem $c > 0$ ein $x \in \mathbf{R}$ mit $a^x = c$ existiert. Ein Kandidat ist die Zahl $x = \sup \{r \in \mathbf{Q} : a^r \leq c\}$. Den strengen Nachweis hierfür wollen wir aber übergehen (nochmals Bernoullische Ungleichung und Archimedisches Axiom).   ∎

Es ist ganz erstaunlich, daß die Exponentialfunktionen durch die Bedingungen 1-3 aus Satz 2.3.2 bis auf die Wahl der Basis a bereits bestimmt sind:

Charakterisierungssatz 2.3.3: Es sei $f : \mathbf{R} \to \mathbf{R}$ eine Funktion mit folgenden Eigenschaften:

1) $\mathbf{D}(f) = \mathbf{R}$,
2) f ist streng monoton wachsend auf $\mathbf{R}$,
3) für alle $x, y \in \mathbf{R}$ ist $f(x+y) = f(x) \cdot f(y)$.

Dann gilt $f(x) = a^x$ mit $a = f(1) > 1$ für alle $x \in \mathbf{R}$. Insbesondere ergibt sich $\mathbf{W}(f) = (0, \infty)$.

Beweis: Wegen 2) existiert ein $x_0 \in \mathbf{R}$ mit $f(x_0) \neq 0$, und aus $f(x_0) = f(x_0 + 0) = f(x_0) \cdot f(0)$ folgt nach Division $f(0) = 1$. Das ergibt $a = f(1) > f(0) = 1$ wegen 2). Für alle $x \in \mathbf{R}$ und $n \in \mathbf{N}^*$ ist $f(nx) = f(x + \ldots + x) = (f(x))^n$ nach 3). Speziell ergibt sich für $x = \frac{m}{n}$ die Formel $\left(f\left(\frac{m}{n}\right)\right)^n = f\left(n \cdot \frac{m}{n}\right) = f(m) = f(1)^m = a^m$, also $f\left(\frac{m}{n}\right) = a^{\frac{m}{n}}$. Das zeigt $f(r) = a^r$ für alle $r \in \mathbf{Q}_+$. Aus $f(x) \cdot f(-x) = f(x - x) = f(0) = 1$ folgt $f(-x) = f(x)^{-1}$ für alle $x \in \mathbf{R}$. Insbesondere gilt also $f(r) = a^r$ auch für negative $x \in \mathbf{Q}$. Hieraus folgt nun

$$a^x = \sup \{a^r : r < x \text{ und } r \in \mathbf{Q}\} = \sup \{f(r) : r < x \text{ und } r \in \mathbf{Q}\} \leq f(x),$$

also $a^x \leq f(x)$ für alle $x \in \mathbf{R}$. Ebenso ist $a^{-x} \leq f(-x)$, und das Umstellen ergibt $f(x) \leq a^x$. Beide Ungleichungen zusammen zeigen $f(x) = a^x$.   ∎

♦ **Die Logarithmusfunktionen:** Die Umkehrfunktion $g = \log_a$ zur Exponentialfunktion $f(x) = a^x$ mit $a > 0$ und $a \neq 1$ heißt *Logarithmusfunktion zur Basis a*. Es gilt also

$x = \log_a y$ genau dann, wenn $a^x = y$.

Logarithmusfunktionen zur Basis 2, 10 und e bezeichnet man kurz durch ld, lg und ln.

Aufgabe 2.3.4: Formulieren Sie für die Logarithmusfunktionen Sätze, die den Sätzen 2.3.2 und 2.3.3 entsprechen! Zeichnen Sie den Graphen der Funktion $f = $ lg !

♦ **Umrechnung von Exponentialfunktionen verschiedener Basen**

Problem 2.3.5: Wir suchen eine Umrechnung von a^x auf b^y !

> **Lösung:** Der Ansatz $a^x = b^y$ ist äquivalent zu $x \cdot \log_b a = y$ (Logarithmieren!).
> Also gilt $\boxed{a^x = b^{x \log_b a} \text{ für alle } a, b > 0 \text{ mit } a, b \neq 1 \text{ und alle } x \in \mathbf{R}.}$

♦ **Umrechnung von Logarithmusfunktionen verschiedener Basen**

Problem 2.3.6: Wir suchen eine Umrechnungsformel von $\log_b y$ auf $\log_a y$!

> **Lösung**: Mit $x = \log_a y$ ist $y = a^x = b^{x \cdot \log_b a}$ (nach 2.3.5). Logarithmieren zur
> Basis b ergibt $\boxed{\log_b y = x \cdot \log_b a = \log_a y \cdot \log_b a.}$
> Mit $b = 10$ und $a = $ e ist beispielsweise lg $y = $ ln $y \cdot$ lg e.

Aufgabe 2.3.7: Zeichnen Sie die Graphen von $f_1(x) = 2^x$, $f_2(x) = 3^x$ und $f_3(x) = 0.5^x$!

Machen Sie sich die aus 2.3.5 resultierende Formel $3^x = 2^{x \cdot \mathrm{ld} 3}$ auch an den Graphen klar! (Dehnung der Zeichenebene in x-Richtung)

Aufgabe 2.3.8: Wachstum mit beschränkten Ressourcen wird oft mit der Formel für das *logistische Wachstum* $f(x) = \dfrac{1}{1 + C\,e^{-\alpha \cdot x}}$ mit freien Parametern C, $\alpha > 0$ modelliert.

Man skizziere einige Graphen und passe die Parameter auf $f(0) = 0.1$ und $f(1) = 0.8$ an!

♦ **Die hyperbolischen Funktionen:** Die Funktionen

$$\sinh x = \frac{e^x - e^{-x}}{2} \quad \text{und} \quad \cosh x = \frac{e^x + e^{-x}}{2}$$

heißen *Sinus hyperbolicus* und *Cosinus hyperbolicus*.

Aufgabe 2.3.9: Zeichnen Sie die Graphen und beweisen Sie die *Additionstheoreme:*

$\sinh (x + y) = \sinh x \cdot \cosh y + \cosh x \cdot \sinh y,$
$\cosh (x + y) = \cosh x \cdot \cosh y + \sinh x \cdot \sinh y,$
$\cosh^2 x - \sinh^2 x = 1$!

Nicht nur die Ähnlichkeit zu den Additionstheoremen der trigonometrischen Funktionen, sondern auch geometrische Hintergründe (Polardarstellung von Ellipsen und Hyperbeln, euklidische und hyperbolische Geometrie) erklären die Namensgebung.

2.4 Ganzrationale Funktionen

Wir wollen die Struktur ganzrationaler Funktionen etwas ausführlicher betrachten. Die Bedeutung dieser Funktionen besteht darin, daß sie elementar zu definieren sind, in vielen Anwendungen auftreten, numerisch gut zu behandeln sind und sich hervorragend zur Approximation komplizierterer Funktionen eignen (siehe 3.5.1 und 6.6).

Definition 2.4.1: Eine Funktion $f\colon \mathbf{R} \to \mathbf{R}$ heißt eine *ganzrationale Funktion*, wenn es eine Darstellung der Form $f(x) = a_n x^n + \ldots + a_1 x^1 + a_0$ für alle $x \in \mathbf{R}$ gibt. Ist dabei $a_n \neq 0$, so heißt n der *Grad* von f.

Ein wichtiges Problem der Mathematik ist die Bestimmung der *Nullstellen ganzrationaler Funktionen*. Für quadratische Funktionen $f(x) = x^2 + px + q$ gibt es die bekannten Lösungsformeln, für ganzrationale Funktionen hoher Ordnung ($n \geq 5$) existieren derartige Wurzelformeln aber nicht mehr. Was kann trotzdem über die Existenz und Anzahl der Nullstellen gesagt werden? Wir beginnen mit folgender Beobachtung:

Satz 2.4.2: Eine Zahl $x_0 \in \mathbf{R}$ ist genau dann eine Nullstelle der ganzrationalen Funktion f vom Grad $n > 0$, wenn es eine Zerlegung $f(x) = (x - x_0) \cdot g(x)$ mit einer ganzrationalen Funktion g vom Grad $n - 1$ gibt.

Beweis: Die Polynomdivision ergibt eine Zerlegung $f(x) = (x - x_0) \cdot g(x) + r$, wobei g vom Grad $n - 1$ und $r = $ const sind. Für $x = x_0$ ist $0 = f(x_0) = 0 \cdot g(x_0) + r$, also $r = 0$. ∎

Satz 2.4.3: Eine ganzrationale Funktion f vom Grad $n > 0$ kann höchstens n (verschiedene) Nullstellen haben.

Beweis: Wir führen den Beweis durch vollständige Induktion. Jede lineare Funktion $f(x) = ax + b$ mit $a \neq 0$ hat genau *eine* Nullstelle. Ist nun f eine Funktion vom Grad $n+1$ und ist x_0 eine Nullstelle von f, so kann nach 2.4.2 die Zerlegung $f(x) = (x - x_0) \cdot g(x)$ vorgenommen werden. Jede weitere Nullstelle $x \neq x_0$ von f muß dann aber eine Nullstelle von g sein, und g hat nach Induktionsvoraussetzung höchstens n Nullstellen. ∎

Satz 2.4.4 (Prinzip des Koeffizientenvergleichs): Aus $\sum\limits_{k=0}^{n} a_k x^k = \sum\limits_{k=0}^{n} b_k x^k$ für alle $x \in \mathbf{R}$ folgt $a_k = b_k$ für alle k. Jede ganzrationale Funktion f ist also *auf genau eine Weise als Polynom darstellbar*, und ihr *Grad ist eindeutig bestimmt*.

Beweis: Wir beweisen zunächst den folgenden *Spezialfall*:

Aus $f(x) = a_n x^n + \cdots + a_1 x^1 + a_0 = 0$ für alle $x \in \mathbf{R}$ folgt $a_k = 0$ für alle $k = 0, \ldots, n$.

Angenommen, dies wäre falsch. Es sei k der größte Index mit $a_k \neq 0$. Dann ist f vom Grad k. Da f nach Voraussetzung unendlich viele Nullstellen hat, gilt $k = 0$ nach 2.4.3.

Das zeigt $a_1 = \ldots = a_n = 0$ und $f(x) = a_0 \neq 0$ im Widerspruch zu $f(x) \equiv 0$. Der *allgemeine Fall* wird durch Subtraktion auf die Gleichung $\sum_{k=0}^{n}(a_k - b_k)x^k = 0$ zurückgeführt. ∎

Zurück zur Existenz von Nullstellen. Wir werden in 8.4 zeigen, daß im Körper **C** der komplexen Zahlen jede ganzrationale Funktion vom Grad n auch n Nullstellen hat. Die reelle Version hiervon ist der von GAUSS[1] 1799 bewiesene:

Satz 2.4.5 (Fundamentalsatz der klassischen Algebra, reelle Version): Jede ganzrationale Funktion $f(x) = a_n \cdot x^n + \ldots + a_1 \cdot x + a_0$ läßt sich in ein Produkt aus linearen und quadratischen Funktionen zerlegen (vgl. 8.4.3).

Aufgabe 2.4.6: Beweisen Sie die folgende Aussage!

Stimmen zwei ganzrationale Funktionen f und g vom Grad n an mindestens $(n + 1)$ Stellen überein, so sind sie wertverlaufsgleich.

(Hinweis: Betrachten Sie die Differenz $h = f - g$ und wenden Sie 2.4.3 an.)

Historische Bemerkungen: Das Lösen von Gleichungen n-ter Ordnung, also von Gleichungen der Form $x^n + a_{n-1}x^{n-1} + \ldots + a_1 x + a_0 = 0$, ist ein zentrales Problem der Mathematik und ihrer Anwendungen. Der Fall $n = 2$ ist leicht und war bereits in der *mesopotamischen Mathematik* bekannt, die Lösungen lassen sich mit den bekannten Lösungsformeln $x_{1,2} = -\frac{a_1}{2} \pm \sqrt{\frac{a_1^2}{4} - a_0}$ berechnen. Die Suche nach Lösungsformeln für höhere Ordnungen prägte die *Mathematik der Renaissance*. DEL FERRO[2] fand um 1500 Lösungsformeln für die kubische Gleichung, publizierte die Ergebnisse aber nicht. Erst CARDANO[3] machte die nach ihm benannten, komplizierten Lösungsformeln für Gleichungen dritten und vierten Grades bekannt, die z.T. auf Ergebnissen von TARTAGLIA[4] aus dem Jahr 1535 beruhten. Die Suche nach Formeln für höhere Ordnungen blieb zunächst erfolglos. Mit seiner Dissertation löste GAUSS im Alter von 22 Jahren mit dem Beweis (des leider nicht konstruktiven) Fundamentalsatzes der klassischen Algebra die Frage nach der *Existenz von Lösungen*, während ABEL[5] und GALOIS[6] zeigten, daß für alle $n \geq 5$ *keine Lösungsformeln* vom "Wurzeltyp" (Auflösung durch Radikale) existieren. Das erklärt nachträglich, weshalb die fast 300jährige Suche nach Formeln erfolglos bleiben mußte. Die praktische Berechnung von Nullstellen erfolgt in der *modernen Mathematik* mit Approximationsmethoden (Banachscher Fixpunktsatz, Newtonverfahren, Halbierungsverfahren).

---

[1] CARL FRIEDRICH GAUSS (1777-1855), Professor in Göttingen, bedeutendster Mathematiker der Neuzeit.
[2] SCIPIONE DEL FERRO (1465-1526), Professor in Bologna.
[3] GIROLAMO CARDANO (1501-1576), Mediziner, wirkte in Pavia, Padua, Bologna.
[4] NICCOLÒ TARTAGLIA (1500(?)-1557), Rechenmeister in Verona, Brescia und Venedig.
[5] NIELS HENRIK ABEL (1802-1829), lebte in Christiania (heute Oslo), bedeutender Algebraiker.
[6] EVARISTE GALOIS (1811-1832), wirkte in Paris, Schöpfer der Galois-Theorie.

2.5   Trigonometrische Funktionen

Entgegen unserem bisherigen Vorgehen, die Begriffe und Objekte der Analysis aus wenigen Grundtatsachen über reelle Zahlen aufzubauen, wollen wir bei der Behandlung der trigonometrischen Funktionen massive Anleihen an die euklidische Geometrie machen. Dies aus zweifachem Grund: Erstens hängen die trigonometrischen Funktionen auf das engste mit der Geometrie des Kreises und mit Dreiecksberechnungen zusammen, und jeder hat wohl seine erste Bekanntschaft mit diesen Funktionen in solchem Zusammenhang gemacht. Zum zweiten ist der in der Analysis bevorzugte Zugang, die Sinus- und Kosinusfunktion durch Potenzreihen (wie in 8.5) zu definieren, zwar sehr elegant und leistungsstark, für den Anfänger aber recht unmotiviert. Um dennoch ein sicheres Fundament zu haben, werden wir die wichtigsten Rechenregeln für die trigonometrischen Funktionen in 2.5.1 quasi axiomatisch zusammenstellen und uns im weiteren ausschließlich auf diesen Formelsatz stützen. Wer die Bezüge auf die Sätze der Schulgeometrie jedoch vermeiden will, kann auch mit der Potenzreihendefinition (8.5.1) starten und hieraus die in diesem Abschnitt bereitgestellten Formeln herleiten. Damit wäre nachträglich eine lückenlose und stilreine Begründung auch der trigonometrischen Funktionen gegeben. Bei der Verallgemeinerung der trigonometrischen Funktionen auf komplexe Zahlen in 8.5 gehen wir übrigens diesen Weg.

Welches sind nun die Anleihen an die Geometrie? Es sei $K = \{(x, y): x^2 + y^2 = 1\}$ die Einheitskreislinie im x-y-Koordinatensystem. Wir setzen die *Existenz* einer Winkelmessung (Bogenmaß) voraus. Das ist eine eineindeutige Abbildung $P: [0, 2\pi) \to K$, die jeder Zahl $u \in [0, 2\pi)$ einen Punkt $P(u)$ auf K, den Schnittpunkt des freien Schenkels des Zentriwinkels u mit dem Kreis K, zuordnet. Sodann *definieren* wir wie in der Schule unter Beachtung der Vorzeichen

$\cos u = x$- Koordinate von $P(u)$ und

$\sin u = y$- Koordinate von $P(u)$ (vgl. Fig. 2.5.1).

Durch die Definitionen $\sin(u + 2k\pi) = \sin u$ und $\cos(u + 2k\pi) = \cos u$ für $k \in \mathbf{Z}$ werden diese Funktionen 2π-periodisch auf ganz $\mathbf{R}$ fortgesetzt. Mit den Mitteln der euklidischen Geometrie beweist man nun folgende Grundtatsachen:

Satz 2.5.1 (Funktionale Charakterisierung der trigonometrischen Funktionen): Die Funktionen sin, cos: $\mathbf{R} \to [-1, 1]$ haben folgende Eigenschaften:

a) $\sin 0 = 0$, $\sin \frac{\pi}{2} = 1$,   (Anfangswerte)

b) $\sin(u \pm v) = \sin u \cdot \cos v \pm \cos u \cdot \sin v$,
    $\cos(u \pm v) = \cos u \cdot \cos v \mp \sin u \cdot \sin v$,   (Additionstheoreme)

c) für alle $0 < u < \frac{\pi}{2}$ gilt $0 < \sin u < u < \dfrac{\sin u}{\cos u} = \tan u$.

Aufgaben und Ergänzungen

Im weiteren werden wir nur von den in 2.5.1 aufgelisteten Tatsachen Gebrauch machen und hieraus alle uns interessierenden Eigenschaften ableiten.

Es sei bemerkt, daß das Funktionenpaar (sin, cos) durch die Bedingungen 2.5.1a)-c) sogar eindeutig bestimmt ist. Für die Exponentialfunktionen waren uns ja solche axiomatischen Charakterisierungen in 2.3.3 auch gelungen.

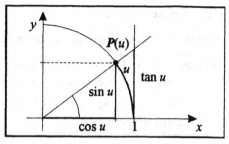

Fig. 2.5.1: Trigonometrische Funktionen

Aufgabe 2.5.2: Leiten Sie die folgenden Formeln als Spezialfälle aus 2.5.1a)-c) her:

a) $\cos 0 = 1$, $\cos \frac{\pi}{2} = 0$,

b) $\sin(-u) = -\sin u$ und $\cos(-u) = \cos u$ für alle $u \in \mathbf{R}$,

c) $\cos^2 u + \sin^2 u = 1$ für alle $u \in \mathbf{R}$.

Häufig werden wir die folgende Formel benötigen:

Beispiel 2.5.3: Für alle $s, t \in \mathbf{R}$ gilt $\sin s - \sin t = 2 \sin \dfrac{s-t}{2} \cdot \cos \dfrac{s+t}{2}$.

Beweis: Wir setzen $u = \dfrac{s+t}{2}$ und $v = \dfrac{s-t}{2}$. Dann sind $u + v = s$ und $u - v = t$, und die Behauptung folgt durch Subtraktion der beiden Sinus-Formeln in 2.5.1b). ∎

Aufgabe 2.5.4: Die Sinusfunktion ist auf $[-\frac{\pi}{2}, \frac{\pi}{2}]$ streng monoton wachsend.

(Hinweis: Benutzen Sie die Formeln 2.5.3 und 2.5.1c) zur Argumentation!)

Definition 2.5.5: Die Umkehrfunktion zur Funktion $\sin : [-\frac{\pi}{2}, \frac{\pi}{2}] \to [-1, 1]$ heißt *Arcussinusfunktion*. Für $y \in [-1, 1]$ und $x \in [-\frac{\pi}{2}, \frac{\pi}{2}]$ gilt also

$y = \sin x \iff \arcsin y = x$.

Entsprechend definiert man arccos und arctan als Umkehrfunktionen zu streng monotonen Abschnitten der Funktionen cos und tan.

Aufgabe 2.5.6: Es sei $\arccos : [-1, 1] \to [0, \pi]$ wie beschrieben definiert. Zeigen Sie, daß für alle $x \in [-1, 1]$ die Beziehung $\boxed{\arcsin x + \arccos x = \frac{\pi}{2}}$ gilt!

3 Zahlenfolgen und Grenzwerte

3.1 Zahlenfolgen

Es ist sehr sinnvoll, Folgen als spezielle Funktionen zu behandeln.

> **Definition 3.1.1:** Eine (reelle) *Zahlenfolge* ist eine Funktion a: $\mathbf{N} \to \mathbf{R}$. Die Funktionswerte $a_n = a(n)$ heißen *Folgenglieder*. Wir schreiben auch $a = (a_n)_{n \in \mathbf{N}} = (a_n) = (a_0, a_1, a_2, a_3, \dots)$. Die Menge *aller* reellen Zahlenfolgen wird manchmal durch $\mathbf{R}^{\mathbf{N}}$ bezeichnet.

Wie für Funktionen allgemein üblich, so können auch für Folgen Rechenoperationen eingeführt werden:

1.	Addition und Subtraktion:	$(a_n) \pm (b_n) = (a_n \pm b_n),$
2.	Multiplikation:	$(a_n) \cdot (b_n) = (a_n \cdot b_n),$
3.	Vervielfachung mit einer reellen Zahl:	$\lambda \cdot (a_n) = (\lambda \cdot a_n),$
4.	Division, falls alle $b_n \neq 0$ sind:	$(a_n) : (b_n) = (a_n : b_n).$

Die Operationen können benutzt werden, um Folgen zusammenzusetzen oder in Bestandteile zu zerlegen. Nebenbei bemerken wir, daß $\mathbf{R}^{\mathbf{N}}$ mit diesen Rechenoperationen ein unendlichdimensionaler Vektorraum wird.

> **Definition 3.1.2:** Eine Folge $a = (a_n)$ heißt:
> a) *stationär*, falls $a_n = a_{n+1}$ für alle $n \in \mathbf{N}$ gilt,
> b) *quasistationär*, falls $a_n = a_{n+1}$ ab einer Stelle n_0 gilt,
> c) *beschränkt*, falls es eine Konstante $K > 0$ mit $|a_n| \leq K$ für alle $n \in \mathbf{N}$ gibt,
> d) *monoton wachsend*, falls $a_n \leq a_{n+1}$ für alle $n \in \mathbf{N}$ gilt.

Folgen kann man ebenso wie Funktionen auf verschiedene Weise definieren und veranschaulichen. Wir betrachten ein Beispiel und beschreiben die gleiche Folge durch:

♦ ein Bildungsgesetz: $a_n = (-1)^{n+1} \cdot \dfrac{1}{n}$ für $n \in \mathbf{N}^*$

♦ eine Wertetabelle:

n	1	2	3	4	5 ...
a_n	1	$-\dfrac{1}{2}$	$\dfrac{1}{3}$	$-\dfrac{1}{4}$	$\dfrac{1}{5}$ ...

♦ eine graphische Darstellung als Diagramm:

♦ eine graphische Darstellung als Punktfolge:

Beispiele und Aufgaben

Beispiel 3.1.3: Wir weisen nach, daß die Folge $(a_n) = \left(\dfrac{n}{n+1} \right)$ monoton wachsend ist.

> **Lösung:** Der Ansatz $a_n \le a_{n+1}$ führt durch äquivalente Umformungen auf
>
> $$\frac{n}{n+1} \le \frac{n+1}{n+2} \Leftrightarrow (n+2)\,n \le (n+1)(n+1) \Leftrightarrow n^2 + 2n \le n^2 + 2n + 1 \Leftrightarrow 0 \le 1.$$
>
> Da aber die letzte Ungleichung wahr ist, so ist auch die erste Ungleichung wahr. Das beweist die Monotonie.

Aufgabe 3.1.4: Zeigen Sie, daß die Folge $(b_n) = (\sqrt[n]{c}\,)$ für festes $c > 1$ monoton fällt!

Aufgabe 3.1.5: Zeigen Sie, daß die Folge $(a_n) = (n \cdot 2^{-n})_{n \ge 1}$ monoton fallend ist!

Aufgabe 3.1.6: Ermitteln Sie eine Zahl p so, daß die Folge $\left(\dfrac{n^2}{2^n} \right)_{n \ge p}$ monoton fällt!

Aufgabe 3.1.7: Es seien $a_0, b_0 \in \mathbf{R}$ mit $0 < a_0 < b_0$ gegeben. Zeigen Sie, daß die Folgen $a_{n+1} = \sqrt{a_n b_n}$ (geometrisches Mittel) und $b_{n+1} = \dfrac{a_n + b_n}{2}$ (arithmetisches Mittel) monoton wachsen bzw. monoton fallen und daß $a_n \le b_n$ für alle $n \in \mathbf{N}$ gilt!

Aufgabe 3.1.8: Es sei $a_0 = \sqrt{2}$ und $a_{n+1} = \sqrt{2 + a_n}$. Zeigen Sie, daß die Folge (a_n) monoton wachsend und beschränkt ist!

Aufgabe 3.1.9: Zeigen Sie $\dbinom{n}{k} \cdot \dfrac{1}{n^k} \le \dfrac{1}{k!} \le 2^{-k+1}$ für alle $0 < k \le n$!

Aufgabe 3.1.10: Zeigen Sie, daß die Folge mit den Gliedern $a_n = \left(1 + \dfrac{1}{n} \right)^n$ für $n \ge 1$ monoton wächst!

(Hinweis: Weisen Sie die Ungleichung $\dfrac{a_n}{a_{n-1}} \ge 1$ nach! Benutzen Sie dazu die Bernoullische Ungleichung mit $h = -\dfrac{1}{n^2}$!)

Aufgabe 3.1.11: Zeigen Sie, daß die Folge mit den Gliedern $a_n = \left(1 + \dfrac{1}{n} \right)^n$ durch die Zahl 3 nach oben beschränkt ist! Zeigen Sie, daß sogar $2.2 \le a_n \le 2.9$ für $n \ge 2$ gilt!

(Hinweis: Benutzen Sie die binomische Formel und die Ungleichung aus 3.1.9 !)

3.2   Grenzwerte und Konvergenzkriterien

Wir führen nun den grundlegenden Begriff der Konvergenz von Folgen ein, wie er von AUGUSTIN LOUIS CAUCHY (1789-1857) in seinen „Vorlesungen zur Infinitesimalrechnung" zur strengen Begründung der Analysis entwickelt wurde.

Definition 3.2.1: Eine Folge (a_n) heißt *konvergent gegen* a, wenn zu jedem $\varepsilon > 0$ eine Zahl $n_0 = n_0(\varepsilon)$ so existiert, daß für alle Folgenglieder a_n mit $n \geq n_0$ die Ungleichung $|a_n - a| < \varepsilon$ gilt. In diesem Fall heißt a *Grenzwert* von (a_n), und man schreibt $a = \lim\limits_{n\to\infty} a_n$ oder $\lim\limits_{n} a_n = a$ oder auch $a_n \to a$. In logischen Symbolen: $a = \lim\limits_{n\to\infty} a_n \Leftrightarrow \forall \varepsilon > 0 \; \exists n_0 \; \forall n \in \mathbf{N}: n \geq n_0 \Rightarrow |a_n - a| < \varepsilon$.

Wir werden sagen, daß eine Aussage $H(n)$ über natürliche Zahlen *fast immer* gilt, wenn $H(n)$ für höchstens endlich viele natürliche Zahlen nicht erfüllt ist. In dieser Formulierung bedeutet $\lim\limits_{n\to\infty} a_n = a$, daß für jedes $\varepsilon > 0$ *fast alle* Folgenglieder a_n in der ε - *Umgebung* $U_\varepsilon(a) = (a - \varepsilon, a + \varepsilon)$ von a enthalten sind. Eine Folge (a_n) heißt *konvergent*, wenn sie einen Grenzwert hat. Im anderen Fall heißt sie *divergent*.

Satz 3.2.2: Jede Folge hat höchstens einen Grenzwert.

Beweis: Angenommen, die Folge (a_n) hätte zwei Grenzwerte $a \neq a'$. Wir setzen $\varepsilon = |a - a'|/2 > 0$. Nach Voraussetzung erfüllen fast alle Folgenglieder die Ungleichungen $|a_n - a| < \varepsilon$ und $|a_n - a'| < \varepsilon$. Das ergibt den Widerspruch
$$2\varepsilon = |a - a'| = |a - a_n + a_n - a'| \leq |a - a_n| + |a_n - a'| < 2\varepsilon \ . \qquad \blacksquare$$

Satz 3.2.3 (Ein notwendiges Kriterium): Jede konvergente Folge ist beschränkt.

Beweis: Es gelte $a_n \to a$. Nach Definition gibt es zu $\varepsilon = 1$ ein $n_0 = n_0(\varepsilon)$ mit $|a_n - a| < 1$ für alle $n \geq n_0$. Also ist $|a_n| = |a_n - a + a| \leq |a_n - a| + |a| < 1 + |a|$ für diese n. Setzen wir noch $L = \max\{|a_m| : m < n_0\}$, so gilt $|a_n| \leq L + 1 + |a|$ nunmehr für alle Folgenglieder. Also ist die Zahl $K = L + 1 + |a|$ eine Schranke. $\qquad \blacksquare$

Folgen mit Grenzwert 0 heißen *Nullfolgen*. Für sie gilt das Dominanzkriterium:

Satz 3.2.4 (Dominanzkriterium): Gibt es zur Folge (a_n) eine Konstante $K > 0$ und eine Nullfolge (b_n) mit $|a_n| \leq K \cdot |b_n|$ für (fast) alle $n \in \mathbf{N}$, so gilt $a_n \to 0$.

Beweis: Es sei $\varepsilon > 0$ fixiert. Nach Voraussetzung gibt es auch zu $\varepsilon' = \varepsilon/K$ eine Zahl n_0 mit $|b_n| < \varepsilon'$ für alle $n \geq n_0$. Hieraus folgt $|a_n| \leq K \cdot |b_n| < K \cdot \varepsilon' = \varepsilon$ für diese n. $\qquad \blacksquare$

Beispiele und Aufgaben

Die in der Definition 3.2.1 benutzte „Epsilontik" bereitet Anfängern immer wieder Schwierigkeiten. Ihre Leistung besteht aber darin, daß sie durch Einführung der Toleranzgröße ε die sonst verschwommenen Begriffe „unendlich nahe, unendlich klein" analytisch faßbar macht.

Beispiel 3.2.5: Wir zeigen mit dem ε- Kriterium 3.2.1, daß $\dfrac{2n^2}{n^2+1} \to 2$ gilt.

> **Lösung:** Wir setzen $|a_n - a| = \left|\dfrac{2n^2}{n^2+1} - 2\right| = \left|\dfrac{2n^2 - 2n^2 - 2}{n^2+1}\right| = \dfrac{2}{n^2+1} \overset{!}{\leq} \dfrac{2}{n^2} < \varepsilon$
>
> und stellen die Frage, ab welcher Zahl n die Bedingung $\dfrac{2}{n^2} < \varepsilon$ erfüllt ist. Auflösen nach n ergibt $n > \sqrt{\dfrac{2}{\varepsilon}}$. Also wird 3.2.1 mit $n_0 = n_0(\varepsilon) = \text{Int}\left(\sqrt{\dfrac{2}{\varepsilon}}\right) + 1$ befriedigt.

Aufgabe 3.2.6: Weisen Sie mit dem ε-Kriterium nach obigem Muster folgende Konvergenzen nach:

a) $a_n = \dfrac{2n}{n-1} \to 2$,

b) $a_n = \dfrac{3n^2 + n - 1}{n^2 + 1} \to 3$,

c) $a_n = \dfrac{n}{\sqrt{n^2+1}} \to 1$,

d) $a_n = q^n \to 0$ für $|q| < 1$.

Aufgabe 3.2.7: Warum ist die Folge $(a_n) = \left(\dfrac{n}{\sqrt{n}+1}\right)_{n\in\mathbb{N}}$ nicht konvergent?

(Hinweis: Benutzen Sie Satz 3.2.3!)

Aufgabe 3.2.8: Benutzen Sie für die folgenden Aufgaben das Dominanzkriterium:

a) $a_n = \dfrac{n!}{n^n} \to 0$,   b) $b_n = \sqrt{n+1} - \sqrt{n} \to 0$,   c) für alle $x \geq 0$ gilt $\dfrac{x^n}{n!} \to 0$.

(Hinweise: Zu b): Multiplizieren Sie mit $1 = \dfrac{\sqrt{n+1} + \sqrt{n}}{\sqrt{n+1} + \sqrt{n}}$. Zu c): Schätzen Sie den Ausdruck gegen $K \cdot \dfrac{1}{2^n}$ für ein geeignetes $K > 0$ ab und verwenden Sie 3.2.6d).)

Aufgabe 3.2.9: Beweisen Sie folgende Aussagen:

a) Summe und Differenz von Nullfolgen sind Nullfolgen.
b) Das Produkt einer beschränkten Folge mit einer Nullfolge ist eine Nullfolge.

3.3   Grenzwertsätze

Als sehr nützliche Verallgemeinerung des Dominanzkriteriums erhalten wir:

Satz 3.3.1 (Einschließungskriterium): Gilt $a_n \leq c_n \leq b_n$ für (fast) alle $n \in \mathbf{N}$ und ist $\lim_n a_n = \lim_n b_n$, so konvergiert auch (c_n), und es gilt $\lim_n c_n = \lim_n a_n = \lim_n b_n$.

Beweis: Es sei $a = \lim a_n$. Dann ist $|c_n - a| = |c_n - a_n + a_n - a| \leq |c_n - a_n| + |a_n - a|$ $\leq |b_n - a_n| + |a_n - a| \leq |b_n - a| + |a - a_n| + |a_n - a| \to 0$, also $c_n \to a$. ∎

Eine vielgeübte Methode in der Mathematik besteht darin, die Untersuchung zusammengesetzter Ausdrücke auf die Untersuchung ihrer Bestandteile zurückzuführen. Diese Methode findet hier ihren Ausdruck in dem folgenden Satz:

Satz 3.3.2 (Grenzwertsätze): Es gelte $a_n \to a$ und $b_n \to b$. Dann folgen:

a) $a_n + b_n \to a + b$ und $a_n \cdot b_n \to a \cdot b$,

b) $|a_n| \to |a|$,

c) $\dfrac{1}{a_n} \to \dfrac{1}{a}$ und $\dfrac{b_n}{a_n} \to \dfrac{b}{a}$, falls alle $a_n \neq 0$ und $a \neq 0$ sind.

Beweis: Aus $a_n \to a$ und $b_n \to b$ folgt $|a_n - a| + |b_n - b| \to 0$ nach 3.2.9a). Wegen

$$|a_n + b_n - (a + b)| = |a_n - a + b_n - b| \leq |a_n - a| + |b_n - b| \to 0$$

ist das Dominanzkriterium 3.2.4 anwendbar und liefert $a_n + b_n - (a + b) \to 0$, also $a_n + b_n \to a + b$. Für die Produktformel beachten wir zuerst, daß (a_n) als konvergente Folge auch beschränkt ist. Mit einem kleinen Trick folgt daher aus 3.2.9a) und 3.2.9b)

$$|a_n \cdot b_n - a \cdot b| = |a_n \cdot b_n - a_n \cdot b + a_n \cdot b - a \cdot b| \leq |a_n| \cdot |b_n - b| + |a_n - a| \cdot |b| \to 0,$$

also $a_n \cdot b_n \to a \cdot b$ erneut mit 3.2.4. Das zeigt a). Die Aussage b) folgt aus $\big||a_n| - |a|\big| \leq |a_n - a| \to 0$. Den Nachweis von c) überlassen wir dem Leser zur Übung. ∎

Obige Grenzwertformeln lassen sich auch auf höhere Rechenoperationen ausdehnen:

Satz 3.3.3: Es sei f eine streng monoton wachsende Funktion, die das Intervall $[a, b]$ *auf* das Intervall $[f(a), f(b)]$ abbildet. Dann folgt aus $x_n \to x$ auch $f(x_n) \to f(x)$ für alle Folgen $(x_n) \subseteq [a, b]$.   (Anwendbar auf $f(x) = a^x$, $\log x$, $\sqrt[n]{x}$.)

Beweis: Wir behandeln nur den Fall $a < x < b$. Es sei $\varepsilon > 0$ fixiert. Wir haben $f(x) - \varepsilon < f(x_n) < f(x) + \varepsilon$ für fast alle $n \in \mathbf{N}$ zu zeigen. Wir können $f(a) \leq f(x) - \varepsilon < f(x) < f(x) + \varepsilon \leq f(b)$ annehmen, andernfalls müßte man ε verkleinern. Wir setzen $a' = f^{-1}\big(f(x) - \varepsilon\big)$ und $b' = f^{-1}\big(f(x) + \varepsilon\big)$. Dann ist $a \leq a' < x < b' \leq b$. Wegen $x_n \to x$ gilt dann fast immer $a' < x_n < b'$ und folglich $f(x) - \varepsilon = f(a') < f(x_n) < f(b') = f(x) + \varepsilon$. ∎

Übungen zur Grenzwertberechnung

1. Anwendung des Einschließungskriteriums

Beispiel 3.3.4: Wir zeigen $\sqrt[n]{c} \to 1$ für alle $c > 0$.

> **Lösung:** Wegen Satz 3.3.2c) genügt es, den Fall $c \geq 1$ zu betrachten. Die Bernoul-lische Ungleichung, die man für Wurzel- oder Potenzabschätzungen immer zu Rate
>
> ziehen sollte, ergibt die Einschließung $1 \leq c \leq 1 + c = 1 + n \cdot \dfrac{c}{n} \leq \left(1 + \dfrac{c}{n}\right)^n$, also
>
> $1 \leq \sqrt[n]{c} \leq 1 + \dfrac{c}{n}$. Wegen $1 + \dfrac{c}{n} \to 1$ folgt hieraus auch $\sqrt[n]{c} \to 1$. (Für jeden Startwert
>
> $c > 0$ führt das wiederholte Drücken der $\sqrt{\ }$- Taste auf dem Taschenrechner schließ-lich zu der Anzeige 1 im Display!)

Beispiel 3.3.5: Es gilt sogar $\sqrt[n]{n} \to 1$.

> **Lösung:** Mit der obigen Idee gilt $1 \leq \sqrt{n} \leq 1 + \sqrt{n} = 1 + n \cdot \dfrac{1}{\sqrt{n}} \leq \left(1 + \dfrac{1}{\sqrt{n}}\right)^n$. Zieht
>
> man die n-te Wurzel, so folgt $1 \leq \sqrt{\sqrt[n]{n}} \leq 1 + \dfrac{1}{\sqrt{n}} \to 1$. Das zeigt $\sqrt{\sqrt[n]{n}} \to 1$, und
>
> wegen Satz 3.3.2a) oder Satz 3.3.3 konvergieren auch die Quadrate $\sqrt[n]{n} \to 1$.

Aufgabe 3.3.6: Zeigen Sie: a) $\sqrt[n]{2n} \to 1$, b) $\sqrt[n]{n^2 + 2n - 5} \to 1$!

2. Anwendung der Grenzwertsätze

Beispiel 3.3.7: Wir berechnen den Grenzwert der Folge $(a_n) = \left(\dfrac{n^2 + 3n - 1}{3n^2 + 2}\right)$.

> **Lösung:** Wir wenden die Grenzwertsätze 3.3.2 an. Zur Vermeidung des Quotienten ∞ / ∞ kürzen wir zuerst durch die höchste Potenz von n. Das ergibt
>
> $$\lim_n \frac{n^2 + 3n - 1}{3n^2 + 2} = \lim_n \frac{n^2(1 + 3/n - 1/n^2)}{n^2(3 + 2/n^2)}$$
>
> $$= \lim_n \frac{1 + 3/n - 1/n^2}{3 + 2/n^2} = \frac{\lim_n (1 + 3/n - 1/n^2)}{\lim_n (3 + 2/n^2)} = \frac{1}{3}.$$
>
> Dabei gibt sich die Existenz der Limites jeweils rückwirkend.

Aufgabe 3.3.8: Berechnen Sie die Grenzwerte der Folgen

a) $(a_n) = \left(\dfrac{3n^4 + 1}{2n^4 + n}\right)$, b) $(a_n) = \left(\dfrac{n\sqrt[n]{3} + 1}{2n + 1}\right)$, c) $(a_n) = \left(\sqrt{\dfrac{3n}{4n + 2}}\right)$, d) $(a_n) = \left(\lg\dfrac{n}{n + 1}\right)$!

3.4   Monotone Zahlenfolgen und Intervallschachtelungen

Für monotone Zahlenfolgen lassen sich sehr spezielle Konvergenzkriterien aufstellen. Den Schlüssel bildet dabei die folgende Aussage:

Satz 3.4.1 (Satz von Bolzano[1], 1830): Eine monoton wachsende Zahlenfolge (a_n) ist genau dann konvergent, wenn sie beschränkt ist. Dabei gilt $\lim a_n = \sup\{a_n: n \in \mathbf{N}\}$. Entsprechend für monoton fallende Folgen: $\lim a_n = \inf\{a_n: n \in \mathbf{N}\}$. *Monotone Konvergenz* bezeichnen wir einprägsam durch $a_n \uparrow a$ bzw. $a_n \downarrow a$.

Beweis: Es sei (a_n) monoton wachsend und beschränkt. Dann existiert $a = \sup\{a_n: n \in \mathbf{N}\}$ nach Axiom 11. Wir zeigen $a = \lim_n a_n$. Es sei $\varepsilon > 0$ gegeben. Wegen $a - \varepsilon < a$ existiert ein Folgenglied a_m mit $a - \varepsilon < a_m \leq a$, und wegen der Monotonie gilt dann $a - \varepsilon < a_m \leq a_n \leq a$ für alle $n \geq m$. Also gilt $|a - a_n| < \varepsilon$ für alle $n \geq m$.   ∎

Die folgende Begriffsbildung dient in vielen Fällen als Konvergenzkriterium:

Definition 3.4.2: Ein Paar $((a_n), (b_n))$ von Folgen heißt eine *Intervallschachtelung*, wenn folgende Bedingungen erfüllt sind:
a) (a_n) ist monoton wachsend, und (b_n) ist monoton fallend.
b) Für alle $n \in \mathbf{N}$ ist $a_n \leq b_n$.
c) Es gilt $(b_n - a_n) \to 0$ für $n \to \infty$.
Intervallschachtelungen bezeichnen wir kurz durch $(a_n \mid b_n)$.

Satz 3.4.3 (Prinzip der Intervallschachtelung): Ist $(a_n \mid b_n)$ eine Intervallschachtelung, so existiert genau eine Zahl a mit $a_n \leq a \leq b_n$ für alle $n \in \mathbf{N}$. Es gilt also $\bigcap_{n \in \mathbf{N}} [a_n, b_n] = \{a\}$. Überdies konvergieren $a_n \uparrow a$ und $b_n \downarrow a$, und es gilt die Fehlerabschätzung $|a - a_n| \leq |b_n - a_n|$ für alle $n \in \mathbf{N}$.

Beweis: Wegen $a_m \leq a_{m+n} \leq b_{m+n} \leq b_n$ gilt $a_m \leq b_n$ für alle Indizes $m, n \in \mathbf{N}$. Insbesondere ist jedes b_n eine obere Schranke für die Menge $\{a_m: m \in \mathbf{N}\}$. Wir setzen $a = \sup\{a_m: m \in \mathbf{N}\}$. Dann gilt wie gewünscht $a_n \leq a \leq b_n$ für alle $n \in \mathbf{N}$. Gäbe es eine weitere Zahl a' mit $a_n \leq a' \leq b_n$ für alle n, so wäre $0 \leq |a' - a| \leq |b_n - a_n| \to 0$, also $a' = a$. Speziell ist $\lim_n b_n = \inf\{b_n: n \in \mathbf{N}\} = a$. Die Fehlerabschätzung folgt aus $a \leq b_n$. ∎

In einprägsamer Form bedeutet das Prinzip der Intervallschachtelung, daß eine Folge von ineinandergeschachtelten, abgeschlossenen Intervallen, deren Längen sich auf 0 zusammenziehen, genau einen Punkt gemeinsam hat.

---

[1] BERNARD BOLZANO (1781-1848), wirkte in Prag.

Aufgaben und Anwendungen

Aufgabe 3.4.4: Zeigen Sie, daß Intervallschachtelungen vorliegen:

a) $\left(\dfrac{n-7}{n+2}\ \middle|\ \dfrac{n+3}{n+2}\right)_{n\in\mathbf{N}}$, b) $\left(\dfrac{n}{n+1}\ \middle|\ \dfrac{n+1}{n}\right)_{n\in\mathbf{N}^\bullet}$

Aufgabe 3.4.5: Zeigen Sie, daß $\displaystyle\lim_{n\to\infty}\sum_{k=1}^{n}\frac{(-1)^{k+1}}{k}$ existiert! (Hinweis: Setzen Sie

$\displaystyle a_n=\sum_{k=1}^{2n}\frac{(-1)^{k+1}}{k}$ und $b_n=\sum_{k=1}^{2n+1}\frac{(-1)^{k+1}}{k}$. Dann wird $(a_n\mid b_n)$ eine Intervallschachtelung.)

Aufgabe 3.4.6: Es sei $c>1$ fixiert, und es seien (a_n) und (b_n) rekursiv definiert durch

$$a_0=1,\ b_0=c \text{ und } a_{n+1}=\frac{c}{b_{n+1}},\quad b_{n+1}=\frac{a_n+b_n}{2}.$$

Zeigen Sie, daß $(a_n\mid b_n)$ eine Intervallschachtelung bildet und daß der hierdurch bestimmte Grenzwert $\sqrt{c}$ ist! Berechnen Sie damit $\sqrt{3}$ auf vier Dezimalstellen (a priori Fehlerabschätzung benutzen)! Vergleichen Sie auch (b_n) mit (x_n) aus 1.4.2 !

Intervallschachtelungen und Konstruktion reeller Zahlen

Intervallschachtelungen werden in der Schule zur Konstruktion reeller Zahlen, z.B. zur Ermittlung von $\sqrt{2}$, benutzt. Man bestimmt dazu zwei Näherungsfolgen (a_n) und (b_n) von n-stelligen Dezimalbrüchen derart, daß $a_n^2\le 2\le b_n^2$ und $|b_n-a_n|=10^{-n}$ gelten. Dann ist $(a_n\mid b_n)$ eine Intervallschachtelung, die die Zahl $\sqrt{2}$ beschreibt. Eine Variante des Verfahrens werden wir später in 5.3.1 als

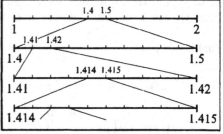

Fig. 3.4.1: Intervallschachtelung für $\sqrt{2}$

Bolzanos Halbierungsverfahren zur Nullstellenbestimmung kennenlernen.

Die Methode der Intervallschachtelungen kann sogar zu einem kompletten Konstruktionsverfahren für den Körper **R** ausgehend von **Q** ausgebaut werden. Dabei „verschlüsselt" man die noch zu konstruierenden irrationalen Zahlen durch Intervallschachtelungen $(a_n\mid b_n)$ mit rationalen Zahlen a_n, b_n. Wenn man für a_n und b_n wie oben jeweils n-stellige Dezimalbrüche mit $|b_n-a_n|=10^{-n}$ wählt, so gehört zu jeder *irrationalen* Zahl sogar *genau eine* solche Intervallschachtelung, und man versteht dann einfach unter der zu konstruierenden Irrationalzahl eben diese dezimale Intervallschachtelung. Schließlich definiert man in naheliegender Weise eine Addition und eine Multiplikation für die Intervallschachtelungen und weist die Körperaxiome nach. Das Verfahren ähnelt der vorn behandelten Dezimalbruchdarstellung reeller Zahlen. Die Ausführung aller Details ist wiederum mühevoll.

3.5 Die natürliche Exponentialfunktion

Die bisher entwickelten Hilfsmittel erlauben völlig neue Einsichten in die Exponential-
und Logarithmusfunktionen. Hierzu gehören vor allem die Approximierbarkeit und die
Anwendung auf Wachstumsprozesse. Besonders übersichtlich gestalten sich die benötig-
ten Formeln für die Funktion $f(x) = e^x$ mit der Eulerschen Zahl e = 2.718 ..., die wir im
folgenden definieren wollen. Aus Aufgabe 3.1.10 und 3.1.11 wissen wir bereits, daß die

durch $a_n = \left(1 + \dfrac{1}{n}\right)^n$ definierte Folge monoton wächst und durch 2.9 nach oben be-

schränkt ist. Daher ist die Folge konvergent, und ihr Grenzwert $e = \lim\limits_{n \to \infty} \left(1 + \dfrac{1}{n}\right)^n$ heißt

Eulersche Zahl. Wir wissen $2 < e < 3$. Später werden wir sehen, daß die Zahl e irrational
ist. Wir verallgemeinern die Formel auf beliebige Exponenten:

Satz 3.5.1 (Approximation von e^x durch Polynome): Für jedes $x \in \mathbf{R}$ gilt

$$e^x = \lim_{n \to \infty} \left(1 + \frac{x}{n}\right)^n .$$ Die Folge ist für $n > -x$ monoton wachsend.

Beweis: Wir übergehen den Nachweis der Monotonie und Beschränktheit, der wiederum
durch geschickte Umformungen und Anwendung der Bernoullischen Ungleichung geführt werden kann, und wenden uns dem Nachweis der Wertverlaufsgleichheit der

Funktionen $f(x) = \lim\limits_{n \to \infty} \left(1 + \dfrac{x}{n}\right)^n$ und e^x zu: Zunächst sei $r = \dfrac{p}{q} > 0$ rational. Für be-

liebiges $k \in \mathbf{N}^*$ setzen wir $m = kq$ und $n = kp$. Dann sind $\dfrac{r}{n} = \dfrac{1}{m}$ und $n = \dfrac{mp}{q}$, und so-

mit ist $f(r) = \lim\limits_{n \to \infty} \left(1 + \dfrac{r}{n}\right)^n = \lim\limits_{m \to \infty} \left(1 + \dfrac{1}{m}\right)^{mp/q} = e^{p/q} = e^r$. Nun zeigen wir $f(-x)$

$= f(x)^{-1}$ für alle $x \in \mathbf{R}$, und das liefert $f(r) = e^r$ für alle $r \in \mathbf{Q}$. Die Bernoullische

Ungleichung ergibt $1 - \dfrac{x^2}{n} \le \left(1 - \dfrac{x^2}{n^2}\right)^n \le 1$ für $|x| < n$, und somit ist $\lim\limits_{n} \left(1 - \dfrac{x^2}{n^2}\right)^n = 1$

nach dem Einschließungssatz. Hieraus folgt nun $f(-x) = f(x)^{-1}$, denn es ist

$$f(x)f(-x) = \lim_{n} \left(1 + \frac{x}{n}\right)^n \cdot \lim_{n} \left(1 - \frac{x}{n}\right)^n = \lim_{n} \left[\left(1 + \frac{x}{n}\right)\left(1 - \frac{x}{n}\right)\right]^n = \lim_{n} \left(1 - \frac{x^2}{n^2}\right)^n = 1.$$

Schließlich sei $x \in \mathbf{R}$ beliebig gegeben. Wir wählen eine Folge rationaler Zahlen r_n mit
$r_n \uparrow x$. Dann gilt $e^x = \sup \{e^{r_n} : n \in \mathbf{N}\} = \sup\{f(r_n) : n \in \mathbf{N}\} \le f(x)$, da f monoton wachsend ist. Weil ebenso $e^{-x} \le f(-x) = f(x)^{-1}$ gilt, folgt $e^x = f(x)$. ■

Aufgaben und Anwendungen

Aufgabe 3.5.2: Zeigen Sie, daß $\left(\left(1 + \frac{1}{n}\right)^n \middle| \left(1 + \frac{1}{n}\right)^{n+1} \right)$ eine Intervallschachtelung für

e ist, und bestimmen Sie n derart, daß e bis auf 3 Dezimalen genau bestimmt werden kann! Erklären Sie folgenden Effekt: Auf dem Taschenrechner ermittelte Näherungswerte müssen für sehr große Werte von n nicht mehr brauchbar sein, für $n = 10^{15}$ ergibt sich z.B. anstelle von 2.718... nur die Zahl 1.

Alternative Definition der Zahl e:
Die Gerade $g(x) = 1 + x$ ist die Tangente an die Funktion $f(x) = e^x$. Das folgt aus

$$1 + x \leq e^x$$

nach Satz 3.5.1. Die e-Funktion e^x ist also unter allen Exponentialfunktionen a^x dadurch ausgezeichnet, daß sie die y-Achse unter $45°$ schneidet (s. Figur 3.5.1).

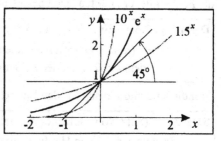

Fig. 3.5.1: Besonderheit der e-Funktion

Aufgabe 3.5.3 (*Kontinuierliche Verzinsung*): Zeigen Sie: Würde ein Kapital K_0 bei einem jährlichen Zinssatz von $z = 5\%$ kontinuierlich verzinst werden (d.h., in kleinen Zeitintervallen Δt ist der Kapitalzuwachs $\Delta K \approx 0.05 \cdot \Delta t \cdot K$), so ergäbe sich nach Jahresfrist ein Kapital $K_1 = e^{0.05} \cdot K_0 \approx 1.0513 \cdot K_0$. Nach einer Zeit t wäre $K(t) = e^{z \cdot t} \cdot K_0$. (Hinweis: Zerlegen Sie das Zeitintervall [0, 1] durch die Teilpunkte $0, \frac{1}{n}, \frac{2}{n}, \cdots, \frac{n}{n}$ und

setzen Sie $K_n^{(0)} = K_0$ und $K_n^{(k)} = K_n^{(k-1)} \cdot \left(1 + \frac{z}{n}\right)$ für $k = 1, ..., n$. Berechnen Sie dann

den Limes der Folge $(K_n^{(n)})$ für $n \rightarrow \infty$.)

Aufgabe 3.5.4: Begründen Sie die Gleichung $y(t) = y(0) \cdot e^{-\lambda t}$ für den *radioaktiven Zerfall* mit der Idee aus Aufgabe 3.5.3! Berechnen Sie die Zerfallskonstante λ, wenn Ihnen die Halbwertszeit t_0 bekannt ist (t_0 ist durch $y(t_0) = y(0)/2$ definiert)!

Aufgabe 3.5.5 (C^{14}-Methode zur Altersbestimmung nach W.LIBBY, Nobelpreis 1960): Das Verhältnis der Menge des durch kosmische Strahlung ständig neu gebildeten radioaktiven Kohlenstoffs C^{14} zur Menge des stabilen Kohlenstoffs C^{12} ist seit der letzten Eiszeit in der Atmosphäre etwa konstant geblieben. Durch Stoffwechselprozesse wird es daher so in allen Lebewesen reproduziert. Durch Zerfall von C^{14} in den fossilen Resten der Lebewesen verringert sich das Verhältnis mit wachsendem Alter der Fossilien. Wie alt ist ein Fundstück, bei dem dieses Verhältnis auf 30 % des Ursprungswertes abgesunken ist (Zerfallskonstante für C^{14} ist $\lambda = 0.00012/\text{Jahr}$)?

3.6 Häufungspunkte

Zur Erweiterung der Anwendungsmöglichkeiten verallgemeinern wir den Grenzwertbegriff und betrachten zur Einstimmung die Folge (+1, −1, +1, −1, ...), die durch das Bildungsgesetz $a_n = (-1)^n$ beschrieben werden kann. Im Gegensatz zu den bisher betrachteten Beispielen zeigt diese Folge für $n \to \infty$ kein definiertes Verhalten mehr. In jeder kleinen Umgebung von +1 und −1 liegen zwar unendlich viele Folgenglieder, aber eben nicht mehr fast alle! Die betrachtete Folge hat daher überhaupt keinen Grenzwert, aber die Folgenglieder „häufen" sich bei +1 und bei −1. Das gibt Anlaß zur Definition:

Definition 3.6.1: Eine Zahl a heißt ein *Häufungspunkt* der Folge (a_n), wenn jedes Intervall $(a-\varepsilon, \ a+\varepsilon)$ mit $\varepsilon > 0$ unendlich viele Folgenglieder enthält. Äquivalent: Zu jedem $\varepsilon > 0$ und jeder Zahl $n \in \mathbf{N}$ existiert ein Index $k \geq n$ mit $|a - a_k| < \varepsilon$.

Grundlegend und typisch für den Bereich **R** (im Unterschied zu **Q**) ist nun:

Satz 3.6.2 (Satz von Bolzano-Weierstraß[1]): Jede beschränkte Zahlenfolge (a_n) hat (mindestens) einen Häufungspunkt in **R**.

Beweis: Wir benutzen das Halbierungsverfahren: Da (a_n) beschränkt ist, existieren Zahlen A_0, B_0 mit $A_0 \leq a_n \leq B_0$ für alle $n \in \mathbf{N}$. Wir setzen $n_0 = 0$. Es sei C_0 der Mittelpunkt des Intervalls $[A_0, B_0]$. Falls das linke Teilintervall $[A_0, C_0]$ unendlich viele Folgenglieder enthält, so wählen wir ein $n_1 > n_0$ mit $a_{n_1} \in [A_0, C_0]$ und setzen $A_1 = A_0$, $B_1 = C_0$. Im anderen Fall enthält $[C_0, B_0]$ unendlich viele Folgenglieder. Wir wählen dann ein $n_1 > n_0$ mit $a_{n_1} \in [C_0, B_0]$ und setzen $A_1 = C_0$ und $B_1 = B_0$. In jedem Fall enthält $[A_1, B_1]$ unendlich viele Folgenglieder, so daß das Verfahren wiederholt werden kann. Auf diese Weise entsteht eine Intervallschachtelung $(A_k|B_k)$ mit $A_k \leq a_{n_k} \leq B_k$ für alle k, und die Zahl $a^* = \lim A_k = \lim B_k = \lim a_{n_k}$ ist ein Häufungspunkt von (a_n). ∎

Es sei bemerkt, daß das obige Verfahren im eigentlichen Sinn nicht konstruktiv ist, da die Entscheidung, ob ein Intervall unendlich viele Punkte enthält, nicht algorithmisch getroffen werden kann. Trotz dieses grundsätzlichen Mangels ist das Kriterium von fundamentaler Bedeutung. Die Analyse des Beweises zeigt übrigens, daß wir damit den kleinsten Häufungspunkt der Folge (a_n) konstruiert haben. Der Satz von Bolzano-Weierstraß läßt daher die folgende Verschärfung zu:

Satz 3.6.3: Jede beschränkte Zahlenfolge (a_n) besitzt einen kleinsten und einen größten Häufungswert, und diese heißen der *Limes inferior* bzw. der *Limes superior* und werden durch $\underline{\lim}_n a_n$ bzw. durch $\overline{\lim}_n a_n$ bezeichnet.

---

[1] KARL WEIERSTRASS (1815-1897), ab 1856 Professor in Berlin, Erneuerer der Analysis.

Aufgaben und Ergänzungen

Aufgabe 3.6.4: Bestimmen Sie die Häufungspunkte der Folge $a_n = (-1)^n \dfrac{2n}{n+1}$!

Definition 3.6.5: Eine Folge $(a_{n_k})_{k \in \mathbb{N}}$ heißt eine *Teilfolge* von $(a_n)_{n \in \mathbb{N}}$, wenn $(n_k)_{k \in \mathbb{N}}$ eine streng monoton wachsende Folge natürlicher Zahlen ist.

Beispielsweise sind $(a_{2k})_{k \in \mathbb{N}}$ und $(a_{2k+1})_{k \in \mathbb{N}}$ zwei Teilfolgen von $(a_n)_{n \in \mathbb{N}}$.

Aufgabe 3.6.6: Zeigen Sie:

a) Konvergiert $a_n \to a$, so konvergiert jede Teilfolge von (a_n) auch gegen a.

b) Zu jedem Häufungspunkt a^* von (a_n) gibt es eine Teilfolge (a_{n_k}) mit $a_{n_k} \to a^*$.

(Hinweis: Konstruieren Sie (n_k) induktiv, indem Sie der Reihe nach $\varepsilon = 1/k$ setzen.)

c) Eine beschränkte Folge ist genau dann konvergent, wenn sie einen einzigen Häufungspunkt hat.

Aufgabe 3.6.7: Die Menge der Häufungspunkte einer Folge kann sehr dick sein: Die Menge $\{ \frac{m}{n} : m, n \in \mathbb{N}^* \}$ der positiven Brüche ist abzählbar, kann also zu einer Folge angeordnet werden. Zeigen Sie, daß jede reelle Zahl $x \geq 0$ ein Häufungspunkt dieser Folge ist!

Bifurkationsdiagramme dynamischer Systeme

Häufungspunktmengen von Folgen können sehr kompliziert sein. In der Theorie der dynamischen Systeme, die das sensible Langzeitverhalten von rückgekoppelten Systemen studiert, sind sie als Grenzmengen von besonderem Interesse. Ein typisches Beispiel ist die folgende Schar von Folgen. Sie wird erzeugt durch Iteration der „logistischen Funktion" $f_s(x) = s \cdot x \cdot (1-x)$, einer Parabelschar mit Parameter $0 \leq s \leq 4$,

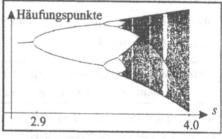

Fig. 3.6.1: Bifurkationsdiagramm

die das Intervall $[0,1]$ in sich abbildet. Für festes s bildet man also Folgen nach der Vorschrift $x_0 = 0.5$, $x_{n+1} = f_s(x_n) = s \cdot x_n \cdot (1 - x_n)$ und ermittelt deren Häufungspunkte. In Figur 3.6.1 sind die Häufungspunkte in Abhängigkeit von s dargestellt.

Wir führen schließlich noch die *uneigentlichen Grenzwerte* $\pm\infty$ ein:

Definition 3.6.8: Wir schreiben $a_n \to \infty$, wenn für jede Zahl $K > 0$ ein Index $n_0 \in \mathbb{N}$ mit $a_n > K$ für alle $n \geq n_0$ existiert. Der Wert $+\infty$ heißt ein Häufungspunkt von (a_n), wenn es eine Teilfolge (a_{n_k}) mit $a_{n_k} \to \infty$ gibt. Analog für $-\infty$.

Mit dieser Verallgemeinerung hat jede Zahlenfolge (a_n) einen Häufungspunkt.

3.7   Das Cauchy-Kriterium

Die Kraft dieses qualitativen Kriteriums liegt darin, die Konvergenz von Folgen auch in solchen Fällen nachweisen zu können, in denen eine direkte Berechnung des Grenzwertes unter Verwendung der Grenzwertsätze nicht gelingt. Der hierfür entscheidende Begriff wurde 1832 von A. CAUCHY[1] gefunden:

Definition 3.7.1: Eine Folge heißt eine *Cauchy-* oder *Fundamentalfolge*, wenn es zu jedem $\varepsilon > 0$ eine natürliche Zahl $n_0 = n_0(\varepsilon)$ derart gibt, daß für alle $m, n \geq n_0(\varepsilon)$ die Ungleichung $|a_n - a_m| < \varepsilon$ gilt.

Satz 3.7.2: Jede konvergente Folge ist auch eine Cauchyfolge.

Beweis: Es sei (a_n) eine konvergente Folge mit Grenzwert a. Zu gegebenem $\varepsilon > 0$ existiert dann eine Zahl n_0 mit $|a_n - a| < \dfrac{\varepsilon}{2}$ für alle $n \geq n_0$. Für beliebige $m, n \geq n_0$ folgt dann wie gewünscht $|a_n - a_m| = |a_n - a + a - a_m| \leq |a_n - a| + |a - a_m| < \dfrac{\varepsilon}{2} + \dfrac{\varepsilon}{2} = \varepsilon$. ∎

Satz 3.7.3: Jede Cauchyfolge ist beschränkt.

Beweis: Es sei (a_n) eine Cauchyfolge. Zu $\varepsilon = 1$ existiert nach Voraussetzung ein Index n_0 mit $|a_n - a_{n_0}| < 1$ für alle $n \geq n_0$. Dann gilt für diese n auch $|a_n| = |a_n - a_{n_0} + a_{n_0}| \leq |a_n - a_{n_0}| + |a_{n_0}| \leq 1 + |a_{n_0}|$. Setzt man nun $K = \max\{1 + |a_{n_0}|, |a_0|, \ldots, |a_{n_0-1}|\}$, so gilt $|a_n| \leq K$ für alle $n \in \mathbf{N}$. ∎

Satz 3.7.4 (Cauchysches Konvergenzkriterium): Eine Folge (a_n) ist genau dann konvergent, wenn sie eine Cauchyfolge ist.

Beweis: Eine Richtung haben wir schon in 3.7.2 gezeigt. Umgekehrt sei (a_n) nun eine beliebige Cauchyfolge. Wegen Satz 3.7.3 ist sie beschränkt und hat daher nach dem Satz von Bolzano-Weierstraß einen Häufungspunkt a. Wir zeigen, daß a sogar Grenzwert der Folge ist. Dazu sei $\varepsilon > 0$ beliebig gegeben. Wir wählen ein $n_0 = n_0(\varepsilon)$ derart, daß $|a_n - a_m| < \dfrac{\varepsilon}{2}$ für alle $n, m \geq n_0$ gilt. Nach Definition des Häufungspunktes existiert ein Index $m' \geq n_0$ mit $|a - a_{m'}| < \dfrac{\varepsilon}{2}$, und hieraus folgt für alle $n \geq n_0$ die Abschätzung

$$|a_n - a| = |a_n - a_{m'} + a_{m'} - a| \leq |a_n - a_{m'}| + |a_{m'} - a| < \dfrac{\varepsilon}{2} + \dfrac{\varepsilon}{2} = \varepsilon.$$ ∎

---

[1] AUGUSTIN LOUIS CAUCHY (1789-1857), Professor in Paris. Grundlegung der Analysis durch präzisierten Grenzwertbegriff, bahnbrechende Arbeiten zur Analysis und Mathematischen Physik.

Umwandlung periodischer Dezimalbrüche in gemeine Brüche

Vorbereitung: Wir zeigen, daß für jede beschränkte Zahlenfolge (a_k) die Folge (s_n) mit

den Gliedern $s_n = \sum_{k=1}^{n} a_k \cdot 10^{-k}$ konvergiert: Es sei K eine Schranke für (a_k). Für beliebige $m > n \geq 0$ gilt dann (mit 1.1.7) die Abschätzung

$$|s_m - s_n| = \left| \sum_{k=n+1}^{m} a_k 10^{-k} \right| \leq \sum_{k=n+1}^{m} |a_k| \cdot 10^{-k} \leq K \cdot \sum_{k=n+1}^{m} 10^{-k} \leq K \cdot 10^{-n}.$$

Für $n \geq \lg(K/\varepsilon)$ gilt $10^n \geq K/\varepsilon$, und somit ist $|s_m - s_n| \leq K \cdot 10^{-n} < \varepsilon$. Also ist (s_n) eine Cauchyfolge, mithin ist sie konvergent.

Anwendung: Ist (a_k) eine Folge von „Dezimalziffern" aus der Menge $\{0,1,...,9\}$, so bedeutet obige Aussage, daß die formale Dezimalbruchentwicklung $s = 0.a_1 a_2 a_3 ...$ auch als Grenzwert der Folge (s_n) aufgefaßt werden kann. Hierauf beruht auch ein

♦ *Verfahren zur Umwandlung periodischer Dezimalbrüche in gemeine Brüche:*

Es sei $s = 0.\overline{13}131313... = 0.\overline{13}$. Dann ist $100s = 13.\overline{13}$. Die Subtraktion ist nach den Grenzwertsätzen möglich und ergibt $99s = 13$, also $s = \frac{13}{99}$.

Aufgabe 3.7.5: Wandeln Sie um: $s = 0.\overline{123}$; $s = 0.\overline{123456789}$; $s = 0.3\overline{2}$ und $s = 6.4\overline{21}$!

Die Cantorsche Konstruktion reeller Zahlen: Von CANTOR[2] stammt eine auf Cauchyfolgen basierende Methode zur Konstruktion von **R**. Jede Cauchyfolge rationaler Zahlen konvergiert in **R**, und umgekehrt läßt sich jede reelle Zahl als Grenzwert einer Cauchyfolge rationaler Zahlen schreiben (s. 1.3). Damit ist das Vorgehen klar: Wir setzen die Existenz des geordneten Körpers **Q** voraus und bilden die Menge Φ aller Cauchyfolgen (r_n) von rationalen Zahlen. Wir definieren eine Äquivalenzrelation $\sim$ in Φ durch $(r_n) \sim (s_n) \Leftrightarrow \lim_{n \to \infty} (r_n - s_n) = 0$. Es sei $\Delta = \Phi/\sim = \{[(r_n)]: (r_n) \in \Phi\}$ die Menge aller zugehörigen Äquivalenzklassen. Auf Δ definiert man eine Addition und eine Multiplikation durch $[(r_n)] + [(s_n)] = [(r_n + s_n)]$ und $[(r_n)] \cdot [(s_n)] = [(r_n \cdot s_n)]$ und eine Ordnung durch $[(s_n)] < [(r_n)]$ genau dann, wenn fast immer $s_n < r_n$ gilt. Der Nachweis der Repräsentantenunabhängigkeit der Definitionen ist sehr leicht, ebenso der Nachweis der Körperaxiome (Axiom 1 - 10). Mit etwas mehr Mühe zeigt man dann, daß jede monoton wachsende und beschränkte Folge von Äquivalenzklassen ein Supremum hat, und hieraus folgt dann das Vollständigkeitsaxiom 11. Schließlich bettet man den Körper **Q** in Δ ein, indem man die rationalen Zahlen mit den stationären Folgen rationaler Zahlen identifiziert, und nennt dieses Gebilde den Körper **R** der reellen Zahlen. Die irrationalen Zahlen **R** \ **Q** sind in dieser Konstruktion Äquivalenzklassen von Cauchyfolgen.

---

[2] GEORG CANTOR (1845-1918), Professor in Halle. Schöpfer der Mengenlehre.

3.8 Der Banachsche Fixpunktsatz

Ein Hauptanliegen der Mathematik besteht im Lösen von Gleichungen. Zunächst wird man durch geschickte algebraische Umformungen ein Auflösen nach der oder den Unbekannten versuchen. Das gelingt in einer Reihe wichtiger Fälle, insbesondere im Fall linearer oder quadratischer Gleichungen, und es gibt leistungsfähige computerimplementierte Formelmanipulationssysteme, die eine starke Hilfe sind. Doch nicht jede Gleichung kann trotz nachweisbarer Existenz einer Lösung auch nach der gesuchten Unbekannten mit elementaren Umformungen aufgelöst werden. Hierzu gehört z.B. die harmlose Gleichung $x = \cos x$ (Probieren Sie es selbst!). In solchen Fällen - und das ist bei vielen praktischen Problemen fast die Regel - ist man auf numerische Näherungsverfahren angewiesen:

> **Satz 3.8.1** (Banachscher[1] Fixpunktsatz): Es sei I ein abgeschlossenes Intervall in $\mathbf{R}$, und es sei g eine Funktion von I in I. Falls es eine *Kontraktionskonstante* q mit $0 < q < 1$ und $|\, g(x) - g(x')\,| \le q\cdot|\,x - x'\,|$ für alle $x, x' \in I$ gibt, so existiert in I genau eine *Lösung x^* der Gleichung $g(x) = x$.* (x^* ist ein Fixpunkt von g.)
>
> Man erhält die Lösung *als Grenzwert* jeder Folge (x_n), die durch die Vorschrift $x_{n+1} = g(x_n)$ mit beliebigem Startwert $x_0 \in I$ gebildet werden kann. Dieses Verfahren zur Konstruktion der Lösung heißt *sukzessive Approximation.* Überdies gilt die Fehlerabschätzung $|\,x^* - x_n\,| \le \dfrac{q^n}{1-q}|\,x_1 - x_0\,|$.

Beweis: *Eindeutigkeit:* Angenommen, es gäbe zwei Lösungen $x^* \ne x^{**}$ von $g(x) = x$. Dann wäre $|\,x^* - x^{**}\,| = |\,g(x^*) - g(x^{**})\,| \le q\cdot|\,x^* - x^{**}\,| < |\,x^* - x^{**}\,|$. Widerspruch!

Existenz: Wir bilden die Folge (x_n) nach der im Satz angegebenen Vorschrift. Dann ist

$$|\,x_{n+1} - x_n\,| = |\,g(x_n) - g(x_{n-1})\,| \le q\cdot|\,x_n - x_{n-1}\,| \le q^2|\,x_{n-1} - x_{n-2}\,| \le \ldots \le q^n|\,x_1 - x_0\,|,$$

und hieraus folgt

$$|\,x_{n+m+1} - x_n\,| \le |\sum_{j=0}^{m}|\,x_{n+j+1} - x_{n+j}\,| \le \sum_{j=0}^{m} q^{n+j}|\,x_1 - x_0\,| \le q^n \frac{1}{1-q}|\,x_1 - x_0\,| \qquad (*)$$

nach 1.1.7. Also ist (x_n) eine Cauchy-Folge. Es sei $x^* = \lim x_n$. Da I ein abgeschlossenes Intervall ist, gilt auch $x^* \in I$. Wir zeigen $g(x^*) = x^*$. Dazu sei $\varepsilon > 0$ beliebig vorgegeben. Dann existiert ein Index n_0 mit $|\,x^* - x_n\,| < \dfrac{\varepsilon}{2}$ für alle $n \ge n_0$, und hieraus folgt

$$|\,g(x^*) - x^*\,| = |\,g(x^*) - g(x_{n_0}) + g(x_{n_0}) - x^*\,| \le |\,g(x^*) - g(x_{n_0})\,| + |\,g(x_{n_0}) - x^*\,| \le q|\,x^* - x_{n_0}\,| + |\,x_{n_0+1} - x^*\,| < \varepsilon.$$

Da ε beliebig war, zeigt das $g(x^*) = x^*$ Die Fehlerabschätzung ergibt sich aus $(*)$ durch Grenzübergang $m \to \infty$. ∎

---

[1] STEFAN BANACH (1892-1945), Professor in Lemberg/Lwów. Fundamentale Arbeiten zur Funktionalanalysis.

Beispiele und Aufgaben

Beispiel 3.8.2: Wir wollen Lösungen der Gleichung $\cos x = x$ bestimmen und setzen dazu $g(x) = \cos x$. Nahegelegt durch Figur 3.8.1 wählen wir $I = [0,1]$. Dann gilt wirklich $g: I \to I$. Unter Verwendung des Additionstheorems für den Kosinus sowie der Ungleichung $|\sin w| \leq |w|$ folgt wie in Beispiel 2.5.3 die Abschätzung

$$|\cos s - \cos t| = 2 \left| \sin \frac{s+t}{2} \cdot \sin \frac{s-t}{2} \right| \leq 2 \cdot \sin 1 \cdot \left| \sin \frac{s-t}{2} \right| \leq \sin 1 \cdot |s-t| \, .$$

(Die Abschätzung folgt übrigens leichter aus dem Mittelwertsatz der Differentialrechnung.) Wegen $q = \sin 1 \leq 0.842 < 1$ ist die Kontraktionsbedingung des Fixpunktsatzes erfüllt. Mit $x_0 = 0.5$ und $x_{n+1} = \cos x_n$ ergibt sich nun die Folge $x_1 = 0.878$, $x_2 = 0.639, \ldots$, $x_9 = 0.745120$, $x_{10} = 0.735006$, also

$x^* = 0.74 \pm 10^{-2}$.

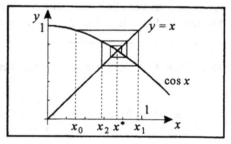

Fig.3.8.1: Eine Iterationsfolge für $\cos x = x$

Aufgabe 3.8.3: Es sei $0 < a \leq 1$ fest gewählt, und es sei $g(x) = x - \dfrac{x^2 - a}{2}$.

a) Weisen Sie nach, daß g das Intervall $I = [\frac{a}{2}, 1]$ in sich abbildet und daß $q = 1 - \frac{a}{2}$ eine Kontraktionskonstante ist!

b) Zeigen Sie, daß die zugehörige Approximationsfolge (x_n) zur Berechnung von $\sqrt{a}$ geeignet ist!

c) Vergleichen Sie die Formel zur Bildung von x_n und die Konvergenzgeschwindigkeit mit der Formel (**) aus 1.4!

Aufgabe 3.8.4: Berechnen Sie den (wegen 3.5.1 oder 5.2.5 existierenden) 3. Schnittpunkt des Graphen von $y = x^{20}$ mit dem Graphen von $y = e^x$ (s. Figur 3.8.2)!
(Hinweis: Transformieren Sie die Gleichung $e^x = x^k$ durch die Substitution $x = k \cdot t$ auf die Gleichung $t = \ln k + \ln t$ und zeigen Sie, daß die Funktion $g(t) = \ln k + \ln t$ für $k \geq 3$ eine Kontraktion auf dem Intervall $[\ln k, k]$ ist.)

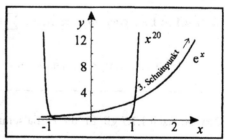

Fig. 3.8.2: Schnittpunkte x^{20} und e^x

4 Zahlenreihen

4.1 Grundbegriffe

Eine wichtige, der Analysis im engsten Sinn zuzuordnende Aufgabe besteht in der „Summation unendlich vieler" Zahlen. Dieses Problem taucht z.B. bei der Bestimmung von Flächeninhalten unter Kurvenstücken oder auch bei der Interpretation von unendlichen Dezimalbrüchen als „unendliche Summen" auf. Der Übergang von endlich vielen Summanden zu unendlich vielen bringt eine Vielzahl neuer Phänomene hervor. Dies zu begreifen setzt vor allem eine saubere Begriffsbildung voraus. Eine Formulierung in der Art „man addiere bis unendlich" $a_1 + a_2 + a_3 + \ldots$ ist viel zu unscharf!

Definition 4.1.1: Unter einer *unendlichen Reihe* $\sum_{k=0}^{\infty} a_k$ versteht man die Folge (s_n)

der Partialsummen $s_n = \sum_{k=0}^{n} a_k$ von (a_k), in Zeichen: $\sum_{k=0}^{\infty} a_k = \left(\sum_{k=0}^{n} a_k \right)_{n \in \mathbb{N}}$.

Die Reihe heißt *konvergent*, wenn die Folge ihrer Partialsummen konvergiert, im anderen Fall heißt sie *divergent*. Im konvergenten Fall benutzt man das Reihensymbol auch zur Bezeichnung des Grenzwertes: $\sum_{k=0}^{\infty} a_k = \lim_{n \to \infty} \sum_{k=0}^{n} a_k$.

Die Doppelbedeutung der Symbolik wird nicht zu Verwechslungen führen.

Satz 4.1.2 (Notwendiges Kriterium): Ist $\sum_{k=0}^{\infty} a_k$ konvergent, so ist (a_k) eine Nullfolge.

Beweis: Nach Voraussetzung ist die zugehörige Partialsummenfolge (s_n) konvergent, also auch eine Cauchyfolge. Insbesondere gilt $|a_n| = |s_n - s_{n-1}| \to 0$ für $n \to \infty$. ∎

Sehr wichtige Beispiele sind die geometrischen Reihen:

Satz 4.1.3: Eine *geometrische Reihe* $\sum_{k=0}^{\infty} x^k$ ist konvergent für $|x| < 1$ und divergent für

$|x| \geq 1$. Für $|x| < 1$ gelten dabei $\sum_{k=0}^{\infty} x^k = \frac{1}{1-x}$ und $\sum_{k=1}^{\infty} x^k = x \cdot \sum_{k=0}^{\infty} x^k = \frac{x}{1-x}$.

Beweis: Nach 1.1.7 gilt für die Partialsummen $s_n = \sum_{k=0}^{n} x^k = \frac{1 - x^{n+1}}{1-x}$ für $x \neq 1$, und der

Grenzübergang $n \to \infty$ ergibt die Behauptung in allen Fällen $x \neq 1$. ∎

Aufgaben und Ergänzungen

Beispiel 4.1.4: Wir wollen $\sum\limits_{k=1}^{\infty} \dfrac{1}{k(k+1)}$ berechnen.

Lösung: Für die Partialsummen s_n läßt sich eine explizite Formel angeben:

$$s_n = \sum_{k=1}^{n} \frac{1}{k(k+1)} = \sum_{k=1}^{n}\left(\frac{1}{k} - \frac{1}{k+1}\right) = \left(1 - \frac{1}{2}\right) + \left(\frac{1}{2} - \frac{1}{3}\right) + \ldots + \left(\frac{1}{n} - \frac{1}{n+1}\right) = 1 - \frac{1}{n+1}.$$

Wegen $s_n \to 1$ für $n \to \infty$ konvergiert die Reihe, und es gilt $\sum\limits_{k=1}^{\infty} \dfrac{1}{k(k+1)} = 1$. Leider gibt es solche expliziten Partialsummenformeln nur in sehr wenigen Fällen!

Aufgabe 4.1.5: Behandeln Sie die Reihe $\sum\limits_{k=2}^{\infty} \dfrac{1}{k^2 - 1}$ nach dem Muster von 4.1.4!

Aufgabe 4.1.6: Nach Definition 4.1.1 ist die Theorie konvergenter Reihen ein Teilgebiet der Theorie konvergenter Folgen. Man beweise folgende Aussage, die sogar die Äquivalenz beider Gebiete zeigt:

Eine Folge (x_n) ist genau dann konvergent, wenn die sogenannte *Teleskopreihe*

$$\sum_{k=0}^{\infty}(x_{k+1} - x_k) \text{ konvergiert. Es gilt dann } \lim_{k \to \infty} x_k = x_0 + \sum_{k=0}^{\infty}(x_{k+1} - x_k).$$

Aufgabe 4.1.7 (Zur geometrischen Reihe): Ein elastischer Ball führe eine wiederholte Sprungbewegung auf einer festen Unterlage aus, jedoch mögen bei jedem Sprung 5 % der Bewegungsenergie verloren gehen. Nach welcher Zeit T ist der Ball zur Ruhe gekommen, wenn der Versuch mit einem Fall aus der Höhe $h_0 = 1\,$m beginnt?

(Hinweis: Bezeichnet t_n die Fallzeit aus der Höhe h_n, so gilt bekanntlich $h_n = \frac{g}{2} t_n^2$. Die potentielle Energie ist durch $E_n = mgh_n$ mit Masse m und $g = 9.81\,$m/s^2 gegeben.)

Gegenbeispiel 4.1.8: Die *harmonische Reihe* $\sum\limits_{k=1}^{\infty} \dfrac{1}{k} = 1 + \dfrac{1}{2} + \dfrac{1}{3} + \dfrac{1}{4} \ldots$ ist divergent.

Beweis: Wir betrachten die 2^n-te Partialsumme dieser Reihe etwas näher. Es ist

$$s_{2^n} = 1 + \left(\frac{1}{2}\right) + \left(\frac{1}{3} + \frac{1}{4}\right) + \left(\frac{1}{5} + \ldots + \frac{1}{8}\right) + \left(\frac{1}{9} + \ldots + \frac{1}{16}\right) + \ldots + \left(\frac{1}{2^{n-1}+1} + \ldots + \frac{1}{2^n}\right)$$

$$\geq 1 + \frac{1}{2} + 2 \cdot \frac{1}{4} + 4 \cdot \frac{1}{8} + 8 \cdot \frac{1}{16} + \ldots + 2^{n-1} \cdot \frac{1}{2^n} = 1 + \frac{n}{2} \to \infty.$$

Daher gilt $s_{2^n} \to \infty$ für $n \to \infty$ und wegen der Monotonie von (s_n) auch $s_n \to \infty$. ∎

4.2   Grenzwertsätze und Konvergenzkriterien

Aus den Konvergenzkriterien für Folgen gewinnt man durch Anwendung auf die Partialsummenfolgen sofort folgende Kriterien:

Satz 4.2.1: Summen und skalare Vielfache konvergenter Reihen sind konvergent, und

es gelten $\sum_{n=0}^{\infty}(a_n + b_n) = \sum_{n=0}^{\infty} a_n + \sum_{n=0}^{\infty} b_n$ und $\sum_{n=0}^{\infty} c \cdot a_n = c \cdot \sum_{n=0}^{\infty} a_n$ für alle $c \in \mathbf{R}$.

Beweis: Die Formeln gelten für die Partialsummen, also auch für deren Grenzwerte. ∎

Satz 4.2.2 (Monotoniekriterium): Eine Reihe mit nichtnegativen Gliedern ist genau dann konvergent, wenn die Folge ihrer Partialsummen beschränkt ist.

Beweis: Sind alle $a_n \geq 0$, so ist die Folge der Partialsummen monoton wachsend. Die Behauptung folgt nun aus dem Konvergenzkriterium 3.4.1. ∎

Beispiel 4.2.3: Wir zeigen mit diesem Kriterium, daß die Reihe $\sum_{k=1}^{\infty} \dfrac{1}{k^2}$ konvergent ist:

Die Folgenglieder $a_k = \dfrac{1}{k^2}$ sind positiv, und mit 4.1.4 gilt für die Partialsummen

$$s_n = \sum_{k=1}^{n} \frac{1}{k^2} = 1 + \frac{1}{4} + \frac{1}{9} + \ldots \leq 1 + \frac{1}{2 \cdot 1} + \frac{1}{3 \cdot 2} + \ldots = 1 + \sum_{k=2}^{n} \frac{1}{k(k-1)} \leq 1 + \sum_{k=2}^{\infty} \frac{1}{k(k-1)} = 2.$$

Nach dem Monotoniekriterium ist die Reihe daher konvergent. Mit der Technik der sogenannten Fourier-Reihen kann man den Grenzwert berechnen, es ergibt sich die transzendente Zahl $\pi^2/6$.

Satz 4.2.4 (Cauchy-Kriterium für Reihen): Eine Reihe Σa_k ist genau dann konvergent, wenn ihre Ausschnitte $\sum_{k=n}^{n+m} a_k$ für $n \to \infty$ gegen Null streben, d.h., wenn für jedes $\varepsilon > 0$ ein $n_0 = n_0(\varepsilon)$ derart existiert, daß für alle $n \geq n_0$ und alle $m \in \mathbf{N}$ stets $\left| \sum_{k=n}^{n+m} a_k \right| < \varepsilon$ gilt.

Beweis: Die zugehörige Partialsummenfolge (s_n) ist nach dem Cauchy-Kriterium für Folgen genau dann konvergent, wenn sie eine Cauchyfolge ist. Dies ist wegen $s_{n+m} - s_n = \sum_{k=n+1}^{n+m} a_k$ aber mit obiger Bedingung äquivalent. ∎

Aufgabe 4.2.5: Mit Hilfe des Monotoniekriteriums und 4.2.3 zeige man die Konvergenz der Reihen $\sum\limits_{k=1}^{\infty} \dfrac{1}{k^p}$ für alle $p \geq 2$!

Aufgabe 4.2.6: Beweisen Sie mit dem Cauchy-Kriterium die Konvergenz der Leibniz[1]-Reihe $s = \sum\limits_{k=1}^{\infty} \dfrac{(-1)^{k+1}}{k} = 1 - \dfrac{1}{2} + \dfrac{1}{3} - \dfrac{1}{4} + \dfrac{1}{5} - \dfrac{1}{6} \pm \ldots$!

Neues zur Eulerschen Zahl e

Die vorstehenden qualitativen Kriterien ermöglichen den Beweis der wichtigen Formel

$$\boxed{\; e = \sum_{k=0}^{\infty} \frac{1}{k!} \;} \tag{*}$$

Beweis: Nach der binomischen Formel gilt $\left(1 + \dfrac{1}{n}\right)^n = \sum\limits_{k=0}^{n} \binom{n}{k} \cdot \dfrac{1}{n^k}$. Aus

$$\binom{n}{k} \cdot \frac{1}{n^k} = \frac{n \cdot \ldots \cdot (n-k+1)}{k!} \cdot \frac{1}{n^k} = \frac{n \cdot \ldots \cdot (n-k+1)}{n \cdot \ldots \cdot n} \cdot \frac{1}{k!} = 1 \cdot \left(1 - \frac{1}{n}\right) \ldots \left(1 - \frac{k-1}{n}\right) \cdot \frac{1}{k!} \leq \frac{1}{k!}$$

folgt für festes $m \in \mathbf{N}^*$ durch Vertauschung von Limes und Summe die Abschätzung

$$\left(1 + \frac{1}{m}\right)^m \leq \sum_{k=0}^{m} \frac{1}{k!} = \lim_{n \to \infty} \sum_{k=0}^{m} \left(1 - \frac{k-1}{n}\right)^k \frac{1}{k!} \leq \lim_{n \to \infty} \sum_{k=0}^{m} \binom{n}{k} \frac{1}{n^k} \leq \lim_{n \to \infty} \left(1 + \frac{1}{n}\right)^n = e .$$

Also ist $e = \lim\limits_{m \to \infty} \left(1 + \dfrac{1}{m}\right)^m \leq \sum\limits_{k=0}^{\infty} \dfrac{1}{k!} \leq e$, und das beweist (∗).

♦   *Die Zahl e ist irrational!*

Es gilt $2 < e < 3$. Angenommen, es wäre $e = \dfrac{p}{q}$ für $p, q \in \mathbf{N}^*$, $q > 1$. Mit (∗) folgt dann

$$0 < \frac{p}{q} - \sum_{k=0}^{q} \frac{1}{k!} = e - \sum_{k=0}^{q} \frac{1}{k!} = \sum_{k=q+1}^{\infty} \frac{1}{k!} \leq \frac{1}{q!} \left(\frac{1}{q+1} + \frac{1}{(q+1)^2} + \ldots\right) = \frac{1}{q!} \cdot \frac{(q+1)^{-1}}{1 - (q+1)^{-1}} < \frac{1}{q!} .$$

Die Multiplikation mit $q!$ ergibt nun $0 < p \cdot (q-1)! - \sum\limits_{k=0}^{q} \dfrac{q!}{k!} < 1$ im Widerspruch dazu, daß der mittlere Ausdruck ganzzahlig ist, denn für $k \leq q$ ist $q!/k!$ eine ganze Zahl.   ∎

---

[1] GOTTFRIED WILHELM LEIBNIZ (1646-1716), Universalgelehrter, wirkte in Paris, London, Berlin, Hannover.

4.3   Absolut konvergente Reihen

In diesem Abschnitt lernen wir sehr leistungsfähige Konvergenzkriterien kennen:

Definition 4.3.1: Eine Reihe Σa_k heißt *absolut konvergent*, wenn die Reihe $\Sigma |a_k|$ ihrer Beträge konvergiert.

Satz 4.3.2: Jede absolut konvergente Reihe ist konvergent.

Beweis: Jede absolut konvergente Reihe erfüllt das Cauchy-Kriterium

$$\left| \sum_{k=n}^{n+m} a_k \right| \le \sum_{k=n}^{n+m} |a_k| \to 0 \quad \text{für } n \to \infty \text{ und ist daher konvergent.} \qquad \blacksquare$$

Warnung: Es gibt konvergente Reihen, die nicht absolut konvergent sind. Wegen 4.1.8 ist die Leibnizreihe aus Aufgabe 4.2.6 ein solches Beispiel!

Ein äußerst leicht zu handhabendes Kriterium ist das folgende:

Satz 4.3.3 (Majorantenkriterium): Eine Reihe Σa_k ist genau dann absolut konvergent, wenn es eine konvergente Reihe Σc_k mit $|a_k| \le c_k$ für (fast) alle $k \in \mathbb{N}$ gibt. Die Reihe Σc_k heißt dann eine konvergente Majorante für Σa_k.

Beweis: Ist Σa_k absolut konvergent, so ist $\Sigma |a_k|$ selbst als Majorante geeignet. Gilt umgekehrt $|a_k| \le c_k$ mit einer konvergenten Reihe Σc_k, so ist die monoton wachsende Folge der Partialsummen wegen $\displaystyle \sum_{k=0}^{n} |a_k| \le \sum_{k=0}^{n} c_k \le \sum_{k=0}^{\infty} c_k < \infty$ nach oben beschränkt. Also ist $\Sigma |a_k|$ nach dem Monotoniekriterium konvergent. $\qquad \blacksquare$

Zur Anwendung des Majorantenkriteriums benötigt man einen Vorrat an geeigneten Majoranten. Häufig nimmt man hierfür geometrische Reihen. Das führt auf die beiden Spezialisierungen des Majorantenkriteriums:

Wurzelkriterium: Falls eine Konstante $0 \le q < 1$ mit $\sqrt[k]{|a_k|} \le q$ für fast alle $k \in \mathbb{N}$ existiert, so ist Σa_k absolut konvergent. Äquivalente Prämisse: $\overline{\lim} \sqrt[k]{|a_k|} < 1$.

Quotientenkriterium: Falls eine Konstante $0 \le q < 1$ mit $\dfrac{|a_{k+1}|}{|a_k|} \le q$ für fast alle $k \in \mathbb{N}$ existiert, so ist Σa_k absolut konvergent. Äquivalente Prämisse: $\overline{\lim} \dfrac{|a_{k+1}|}{|a_k|} < 1$.

Beweis: In beiden Fällen ist $\Sigma C \cdot q^k$ mit geeignetem C eine Majorante für Σa_k. $\qquad \blacksquare$

Aufgabe 4.3.4: Zeigen Sie die Konvergenz der folgenden Reihen:

a) $\displaystyle\sum_{k=0}^{\infty} k \cdot 2^{-k}$,   b) $\displaystyle\sum_{k=0}^{\infty} \frac{(-1)^k}{k!}$,   c) $\displaystyle\sum_{k=0}^{\infty} \frac{k!}{k^k}$!

Aufgabe 4.3.5: Beweisen Sie die folgende Erweiterung des Wurzelkriteriums:

Divergenztest: Gilt $\overline{\lim} \sqrt[k]{|a_k|} > 1$, so ist Σa_k nicht konvergent.

(Hinweis: Verwenden Sie das notwendige Konvergenzkriterium 4.1.2!)

Aufgabe 4.3.6: Der Fall $\overline{\lim} \sqrt[k]{|a_k|} = 1$ wird von obigen Kriterien nicht erfaßt. Diese Bedingung enthält nämlich *keinerlei* Information über Konvergenz oder Divergenz! Die Reihen mit den Gliedern a) $a_k = \dfrac{1}{k^2}$, b) $a_k = \dfrac{(-1)^{k+1}}{k}$ und c) $a_k = \dfrac{1}{k}$ erfüllen alle diese Bedingung, zeigen aber unterschiedliches Konvergenzverhalten. Welches?

Schließlich geben wir noch eine Formel zur *Multiplikation konvergenter Reihen* an.

Satz 4.3.7 (Cauchysche Produktformel): Sind $\displaystyle\sum a_k$ und $\displaystyle\sum b_j$ absolut konvergent,

so gilt $\displaystyle\sum_{k=0}^{\infty} a_k \cdot \sum_{j=0}^{\infty} b_j = \sum_{k=0}^{\infty} \sum_{j=0}^{k} a_{k-j} b_j$.

Beweisidee: Wir ordnen die Produkte $a_k b_j$ für $k, j \in \mathbf{N}$ in einer unendlichen Tabelle an, um keines zu vergessen. Für festes k und variables $j = 0,\ldots, k$ durchläuft das Produkt $a_{k-j}\, b_j$ die k-te Diagonale (s. Figur 4.3.1). Die n-te Partialsumme $s_n = \displaystyle\sum_{k=0}^{n} \sum_{j=0}^{k} a_{k-j} b_j$ ist daher gerade die Summe aller Produkte innerhalb des n-ten Dreiecks. Zur Abkürzung definieren wir

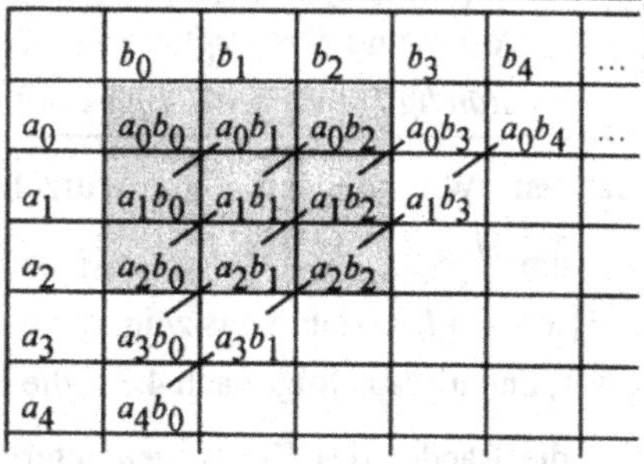

	b_0	b_1	b_2	b_3	b_4	...
a_0	a_0b_0	a_0b_1	a_0b_2	a_0b_3	a_0b_4	...
a_1	a_1b_0	a_1b_1	a_1b_2	a_1b_3		
a_2	a_2b_0	a_2b_1	a_2b_2			
a_3	a_3b_0	a_3b_1				
a_4	a_4b_0					

Fig.4.3.1: Summation nach Diagonalen

$A = \displaystyle\sum_{k=0}^{\infty} a_k$, $B = \displaystyle\sum_{j=0}^{\infty} b_j$ und Hilfsgrößen $\alpha_m = \displaystyle\sum_{k=m}^{\infty} |a_k|$ und $\beta_m = \displaystyle\sum_{j=m}^{\infty} |b_j|$ für $m \in \mathbf{N}$.

Da nun $|A \cdot B - \displaystyle\sum_{k=0}^{m} \sum_{j=0}^{m} a_k b_j| \le \alpha_0 \beta_{m+1} + \alpha_{m+1} \beta_0$ und $|\displaystyle\sum_{k=0}^{m} \sum_{j=0}^{m} a_k b_j - s_n| \le \alpha_0 \beta_{m+1} + \alpha_{m+1} \beta_0$

für $n \ge 2m$ gelten (s. Fig.4.3.1), folgt hieraus mit der Dreiecksungleichung schließlich

$|A \cdot B - s_n| \le 2(\alpha_0 \beta_{m+1} + \alpha_{m+1} \beta_0) \to 0$ für $m, n \to \infty$ wegen $\alpha_m, \beta_m \to 0$.   ∎

Aufgabe 4.3.8: Finden Sie mittels 4.3.7 eine Reihendarstellung für $e^2 = e \cdot e$!

4.4   Potenzreihen und Exponentialfunktion

Potenzreihen erweisen sich als ein wichtiges und leistungsfähiges Instrument zur Untersuchung von Funktionen.

Definition 4.4.1: Ein Ausdruck der Form $f(x) = \sum\limits_{n=0}^{\infty} c_n (x - x_0)^n$ mit $x_0, c_n \in \mathbf{R}$

heißt eine *Potenzreihe* in der Variablen x mit dem *Mittelpunkt* x_0.

In vielen Fällen wird $x_0 = 0$ sein. Die Menge K aller Zahlen $x \in \mathbf{R}$, für die die Reihe konvergiert, heißt der *Konvergenzbereich* der Reihe. Er hängt offenbar von den Zahlen c_n und von der Größe $|x - x_0|$ ab. Der folgende Satz beschreibt diese Menge näher:

Satz 4.4.2 (Satz von Cauchy-Hadamard[1]): Es sei $\Sigma\, c_n (x - x_0)^n$ eine Potenzreihe, und es

$$\text{seien } L = \overline{\lim_{n \to \infty}} \sqrt[n]{|c_n|} \text{ und } R = \begin{cases} 1/L & \text{für} \quad 0 < L < \infty, \\ \infty & \text{für} \quad L = 0, \\ 0 & \text{für} \quad L = \infty. \end{cases}$$

Dann konvergiert die Reihe auf dem Intervall $(x_0 - R, x_0 + R)$ absolut, und sie divergiert außerhalb von $[x_0 - R, x_0 + R]$. Die Zahl R heißt der *Konvergenzradius* der Reihe. Für den Konvergenzbereich K der Reihe gilt also $(x_0 - R, x_0 + R) \subseteq K \subseteq [x_0 - R, x_0 + R]$ im Fall $0 < R < \infty$, $K = (-\infty, \infty)$ für $R = \infty$ und $K = \{x_0\}$ für $R = 0$. Potenzreihen mit $R = \infty$ heißen *überall* oder *beständig konvergent*, solche mit $R = 0$ heißen *nirgends konvergent*.

Beweis: Wir wenden das Wurzelkriterium als Konvergenztest an und setzen $q = \overline{\lim} \sqrt[n]{|c_n (x - x_0)^n|} = |x - x_0| \cdot \overline{\lim} \sqrt[n]{|c_n|} = |x - x_0| \cdot L$. Für $|x - x_0| < R$ folgt dann $q = |x - x_0| \cdot L < 1$, und das zeigt die absolute Konvergenz. Im Fall $|x - x_0| > R$ gilt aber $q > 1$, und hieraus folgt nach 4.3.5 die Divergenz.   ■

Für die Ränder des Konvergenzintervalls $(x_0 - R, x_0 + R)$ können keine allgemeinen Konvergenzaussagen getroffen werden. Beispielsweise haben die drei Reihen $\sum x^n$, $\sum \frac{1}{n} x^n$, $\sum \frac{1}{n^2} x^n$ den gleichen Konvergenzradius $R = 1$, das Konvergenzverhalten für $x = \pm 1$ ist jedoch sehr unterschiedlich. (Wie nämlich?)

Natürlich hätte in 4.4.2 auch das Quotientenkriterium herangezogen werden können: Falls die Zahl $L = \overline{\lim_{n \to \infty}} \dfrac{|c_{n+1}|}{|c_n|}$ existiert, endlich und $\neq 0$ ist, so gilt für den Konvergenzradius auch hier $R = L^{-1}$. Im Fall $L = 0$ gilt wie oben $R = \infty$.

---

[1] JACQUES SALOMON HADAMARD (1865-1963), Professor in Paris.

Aufgaben und Anwendungen

Aufgabe 4.4.3: Ermitteln Sie die genauen Konvergenzbereiche K folgender Reihen

a) $\displaystyle\sum_{n=0}^{\infty} \frac{x^n}{2^n}$,   b) $\displaystyle\sum_{n=1}^{\infty} \frac{x^n}{n}$,   c) $\displaystyle\sum_{n=0}^{\infty} \frac{x^n}{n!}$,

d) $\displaystyle\sum_{n=0}^{\infty} nx^n$,   e) $\displaystyle\sum_{n=1}^{\infty} n!x^n$,   f) $\displaystyle\sum_{n=1}^{\infty} \frac{1}{n^x}$.

Neues zur natürlichen Exponentialfunktion

Eine der wichtigsten Anwendungen von Potenzreihen liegt in der Tatsache, daß sie zur Berechnung vieler elementarer Funktionen geeignet sind. Wir betrachten das am Beispiel der Reihendarstellung der Exponentialfunktion. Ausgehend von der Formel

$e = \displaystyle\sum_{k=0}^{\infty} \frac{1}{k!}$ kann man wie in 4.3.8 versuchen, durch Anwendung der Cauchyschen Produktformel Reihendarstellungen für e^2, e^3, ... zu finden. Das führt auf die Vermutung

$$e^x = \sum_{k=0}^{\infty} \frac{x^k}{k!} \text{ für alle } x \in \mathbf{R}, \qquad\qquad (*)$$

die wir sogleich beweisen wollen. Wir setzen zur Abkürzung $\exp(x) = \displaystyle\sum_{k=0}^{\infty} \frac{x^k}{k!}$ und berechnen den Konvergenzradius. Es ist $L = \lim\limits_{k\to\infty} \dfrac{c_{k+1}}{c_k} = \lim\limits_{k\to\infty} \dfrac{k!}{(k+1)!} = \lim\limits_{k\to\infty} \dfrac{1}{k+1} = 0$,

also $R = \infty$. Daher konvergiert $\exp(x)$ für alle $x \in \mathbf{R}$. Wir beweisen nun die Formel

$$\exp(x + y) = \exp(x) \cdot \exp(y) \text{ für alle } x, y \in \mathbf{R}.$$

In der Tat ergibt sich unter Anwendung der Cauchyschen Produktformel und der binomischen Formel 1.1.9 für die k-te Potenz die Gleichung

$$\exp(x + y) = \sum_{k=0}^{\infty} \frac{(x+y)^k}{k!} = \sum_{k=0}^{\infty} \frac{1}{k!} \sum_{j=0}^{k} \binom{k}{j} x^{k-j} y^j = \sum_{k=0}^{\infty} \frac{1}{k!} \sum_{j=0}^{k} \frac{k!}{(k-j)!\,j!} x^{k-j} y^j$$

$$= \sum_{k=0}^{\infty} \sum_{j=0}^{k} \frac{x^{k-j}}{(k-j)!} \cdot \frac{y^j}{j!} = \left(\sum_{k=0}^{\infty} \frac{x^k}{k!}\right) \cdot \left(\sum_{j=0}^{\infty} \frac{y^j}{j!}\right) = \exp(x) \cdot \exp(y).$$

Offenbar ist die Funktion $\exp$ auf $[0, \infty)$ streng monoton wachsend. Da aber $\exp(x) \cdot \exp(-x) = \exp(x - x) = \exp(0) = 1$ gilt, ist $\exp$ auch auf $(-\infty, 0]$ streng monoton wachsend. Nach dem Charakterisierungssatz 2.3.3 für Exponentialfunktionen gilt daher $\exp(x) = a^x$ mit $a = \exp(1) = e$, womit $(*)$ bewiesen ist.   ∎

5 Stetigkeit

5.1 Der Stetigkeitsbegriff

A. CAUCHY erkannte die grundlegende Bedeutung des Stetigkeitsbegriffs für einen strengen Aufbau der Analysis. Die weitreichenden Folgerungen aus dieser Eigenschaft werden der Gegenstand dieses Kapitels sein. Wir nehmen die in Satz 3.3.3 bewiesene Grenzwertformel zum Ausgangspunkt für die folgende Definition.

Definition 5.1.1 (Folgendefinition der Stetigkeit): Eine Funktion f aus $\mathbf{R}$ in $\mathbf{R}$ heißt *stetig an der Stelle* $a \in \mathbf{D}(f)$, wenn für alle Folgen (x_n) mit $x_n \in \mathbf{D}(f)$ aus

$$x_n \to a \quad \text{auch} \quad f(x_n) \to f(a)$$

folgt. In Kurzform gilt also $\lim\limits_{n \to \infty} f(x_n) = f(\lim\limits_{n \to \infty} x_n)$, d.h., f ist mit der Grenzwertbildung vertauschbar. Die Funktion f heißt *stetig auf einer Menge* $M \subseteq \mathbf{D}(f)$, wenn f in allen Punkten von M stetig ist.

Beispiele stetiger reeller Funktionen ergaben sich bereits aus Satz 3.3.3. Insbesondere sind die Funktionen $f(x) = x^\alpha$, $f(x) = a^x$ und $f(x) = \ln x$ auf ihren Definitionsbereichen stetig. Aber auch $f(x) = |x|$ ist stetig (Satz 3.3.2b).

Satz 5.1.2: Die Funktionen sin und cos sind auf $\mathbf{R}$ stetig.

Beweis: Es sei eine beliebige konvergente Folge $x_n \to a$ gegeben. Wegen 2.5.2c) gilt $|\cos x| \leq 1$ für alle x, und mit 2.5.3 und 2.5.1c) folgt die Abschätzung

$$|\sin x_n - \sin a| = 2\left| \sin \frac{x_n - a}{2} \cdot \cos \frac{x_n + a}{2} \right| \leq 2\left| \sin \frac{x_n - a}{2} \right| \leq 2\left| \frac{x_n - a}{2} \right| \to 0. \quad \blacksquare$$

In vielen theoretischen Untersuchungen ist die folgende *äquivalente* Fassung des Stetigkeitsbegriffs zweckmäßiger. In dieser Fassung wird das Grenzwertverhalten der Funktion f durch eine Fehlerabschätzung ersetzt:

Satz 5.1.3 (ε-δ-Definition der Stetigkeit): Eine Funktion f aus $\mathbf{R}$ in $\mathbf{R}$ ist genau dann stetig in $a \in \mathbf{D}(f)$, wenn es zu jedem Fehler $\varepsilon > 0$ eine Abweichung $\delta = \delta(\varepsilon, a) > 0$ so gibt, daß aus $x \in \mathbf{D}(f)$ und $|x - a| < \delta$ stets $|f(x) - f(a)| < \varepsilon$ folgt.

Für stetige Funktionen ziehen also kleine Änderungen im Argument auch nur kleine Änderungen im Funktionswert nach sich. Aus dieser Formulierung wird die überaus große Anwendungsbreite des Stetigkeitsbegriffs deutlich, denn viele Prozesse in Natur und Gesellschaft haben eben diese Eigenschaft und können daher durch stetige Funktionen modelliert werden.

♦ **Merke:** Stetigkeit bedeutet, daß kleine Ursachen kleine Wirkungen haben.

Aufgaben und Beispiele

Beispiel 5.1.4: Wir beweisen die Stetigkeit der Funktion $f(x) = x^2$ an jeder Stelle $a \in \mathbf{R}$:

a) Mit Hilfe der Folgendefinition:

Es sei (x_n) eine beliebige Folge mit $x_n \to a$. Aus den Grenzwertsätzen 3.3.2 folgt dann

$x_n^2 \to a^2$, also gilt $f(x_n) \to f(a)$.

b) Mit der $\varepsilon - \delta$ - Definition:

Es sei $\varepsilon > 0$ beliebig gegeben. Zunächst ist

$$|f(x) - f(a)| = |x^2 - a^2| = |x + a| \cdot |x - a|.$$

Um den Faktor $|x + a|$ abschätzen zu können, wählen wir vorerst ein $\delta \leq 1$. Dann ist

$$|x + a| < 2|a| + 1 \text{ für } |x - a| < \delta.$$ Daher gilt

$$|f(x) - f(a)| < (2|a|+1)|x - a|$$
$$< (2|a|+1) \cdot \delta \leq \varepsilon$$

sicherlich dann, wenn $\delta = \min\left(1, \dfrac{\varepsilon}{2|a|+1}\right)$

gewählt wird.

Dieses Beispiel mag den Eindruck erwecken, daß die Anwendung der ε-δ-Definition wesentlich schwerfälliger ist. Doch bedenke man, daß im Nachweis a) ja die schon früher bewiesenen Grenzwertsätze benutzt wurden. Es wird Situationen geben, in denen die ε-δ-Definition überlegen ist!

Aufgabe 5.1.5: Weisen Sie die Stetigkeit der Wurzelfunktion $f(x) = \sqrt{x}$ auf $[0, \infty)$ nach dem Vorbild von Beispiel 5.1.4 nach!
(Hinweis: Benutzen Sie den Trick aus Aufgabe 3.2.8b)!)

Aufgabe 5.1.6: Zeigen Sie, daß die Signum-Funktion $f(x) = \text{sgn } x$ bei $x = 0$ unstetig ist (s. Aufgabe 1.5.8)!

Aufgabe 5.1.7: Beweisen Sie die folgenden Aussagen (Grenzwertsätze benutzen!):

a) Sind f und g in a stetig, so sind auch $f + g, f - g$ und $f \cdot g$ in a stetig. Gilt zusätzlich $g(a) \neq 0$, so ist auch die Funktion f / g in a stetig.

b) Ist f in a und g in $b = f(a)$ stetig, so ist die Verkettung $g \circ f$ in a stetig.

Aufgabe 5.1.8: Zeigen Sie unter Verwendung der Aussagen aus Aufgabe 5.1.7 :

a) Jede ganzrationale Funktion ist auf $\mathbf{R}$ stetig.

b) Jede gebrochenrationale Funktion ist auf ihrem Definitionsbereich stetig.

Aufgabe 5.1.9: Führen Sie den Beweis zum Satz 5.1.3!

(Hinweis: Beweisen Sie die „Hin-Richtung" durch indirekten Schluß!)

5.2   Grenzwerte und Stetigkeit

Bevor wir mit der Untersuchung stetiger
Funktionen fortfahren, wollen wir zur Erweiterung unserer Erfahrungswelt mögliche
Szenarien von Unstetigkeit betrachten. Dazu
werfen wir einen Blick auf die Figur 5.2.1,
die den Graphen einer fiktiven Funktion
darstellen soll. Die Funktion ist an mehreren
Stellen unstetig, doch ist die Art der Unstetigkeit graduell verschieden. Recht harmlos
ist die *Lücke* bei x_L. Diese Unstetigkeit
könnte durch Ausfüllen der Lücke behoben

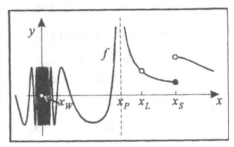

Fig. 5.2.1: Fallstudium

werden, man spricht daher auch von *hebbarer Unstetigkeit*. Recht definitives Verhalten
hat man auch in den Fällen des *Sprunges* (bei x_S) oder des *Poles* (bei x_P). Alle weiteren
Arten von Unstetigkeit nennen wir *wesentliche Unstetigkeiten*. Bei x_W liegt eine solche
vor (z.B. $f(x) = \sin(1/x)$ mit $x_W = 0$). Um unabhängig von der grafischen Darstellung
die Klassifikation vornehmen zu können, führen wir den Begriff des Grenzwertes für
Funktionen ein.

Definition 5.2.1: Es sei f eine reelle Funktion, es sei a ein Häufungspunkt von $\mathbf{D}(f)$.
Dann heißt $b \in \mathbf{R} \cup \{-\infty, +\infty\}$ der *Grenzwert von f bei a*, in Zeichen
$b = \lim\limits_{x \to a} f(x)$, falls für jede Folge (x_n) mit Werten $x_n \in \mathbf{D}(f) \setminus \{a\}$ aus $x_n \to a$

auch $f(x_n) \to b$ folgt. Ein *linksseitiger Grenzwert* $b = \lim\limits_{x \uparrow a} f(x)$ liegt dann vor,

wenn es eine Folge (x_n) mit Werten $x_n \in \mathbf{D}(f) \setminus \{a\}$ und $x_n \uparrow a$ gibt und falls für

jede solche Folge $b = \lim\limits_{n \to \infty} f(x_n)$ ist. Entsprechend wird ein *rechtsseitiger*

Grenzwert definiert.

Die oben eingeführten Unstetigkeitsstellen lassen sich nun wie folgt charakterisieren:

Satz 5.2.2: Es seien f eine reelle Funktion und a ein Häufungspunkt von $\mathbf{D}(f)$. Dann
gelten

a) f ist stetig in a $\Leftrightarrow a \in \mathbf{D}(f)$ und $\lim\limits_{x \to a} f(x) = f(a)$,

b) f hat eine Lücke bei a $\Leftrightarrow a \notin \mathbf{D}(f)$, $\lim\limits_{x \to a} f(x)$ existiert und ist endlich,

c) f hat einen Sprung bei a $\Leftrightarrow \lim\limits_{x \uparrow a} f(x)$ und $\lim\limits_{x \downarrow a} f(x)$ existieren, sind endlich
            und verschieden,

d) f hat einen Pol bei a $\Leftrightarrow \lim\limits_{x \uparrow a} f(x)$ und $\lim\limits_{x \downarrow a} f(x)$ existieren und sind $\pm\infty$.

Beispiele und Aufgaben

Beispiel 5.2.3: Grenzwerte können sehr gut zur Ermittlung des Kurvenverlaufs gebrochenrationaler Funktionen verwendet werden. Wir erläutern das am Beispiel der

Funktion $f(x) = \dfrac{x}{x-1}$. Es ist $\mathbf{D}(f) = \mathbf{R} \setminus \{1\}$. Die Grenzwerte für $a = 1$ und $a = \pm\infty$ sind:

$$\lim_{x\uparrow 1} \frac{x}{x-1} = -\infty, \quad \lim_{x\downarrow 1} \frac{x}{x-1} = +\infty, \quad \lim_{x\to\infty} \frac{x}{x-1} = \lim_{x\to\infty} \frac{1}{1-\dfrac{1}{x}} = 1, \quad \lim_{x\to-\infty} \frac{x}{x-1} = 1.$$

Bestimmt man zusätzlich noch einige Funktionswerte, etwa $f(0) = 0$ und $f(2) = 2$, so erhält man bereits einen guten Überblick zum Kurvenverlauf. Die Geraden $x = 1$ und $y = 1$ erweisen sich als Asymptoten. In Figur 5.2.2 ist dieser Kurvenverlauf dargestellt.

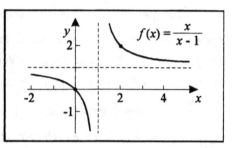

Fig. 5.2.2: Graphische Darstellung

Aufgabe 5.2.4: Bestimmen Sie den Kurvenverlauf durch Verwendung von Grenzwerten für die Funktionen

$$\text{a) } f_1(x) = \frac{x^2-1}{x+1}, \quad \text{b) } f_2(x) = \frac{x}{1-x^2}, \quad \text{c) } f_3(x) = \frac{x}{1+x^2}, \quad \text{d) } f_4(x) = \frac{x-2}{x^2-4} \; !$$

Aufgabe 5.2.5: Beweisen Sie unter Verwendung der Reihendarstellung der e-Funktion oder mittels der monotonen Konvergenz aus 3.5.1 die Formel $\lim\limits_{x\to\infty} \dfrac{e^x}{x^n} = \infty$.

Aufgabe 5.2.6: Zeichnen Sie die Funktion $f(x) = x^2 e^{-x}$ für $x \geq 0$! Vergleichen Sie das Wachstum zwischen x^2 und e^x !

Aufgabe 5.2.7: Zwei wichtige Standardgrenzwerte sind:

$$\text{a) } \lim_{x\to 0} \frac{e^x-1}{x} = 1, \qquad\qquad \text{b) } \lim_{x\to 0} \frac{\sin x}{x} = 1.$$

Beweisen Sie die Formel a) mittels Reihendarstellung der e-Funktion! (Einen elementaren Beweis findet man in 6.3.2a), die zweite Formel beweisen wir in 6.3.11(∗).)

Aufgabe 5.2.8: Beweisen Sie unter Benutzung der Formel 5.2.7b): $\lim\limits_{x\to 0} \dfrac{\sin 2x}{x} = 2$!

5.3 Nullstellensatz und Zwischenwertsatz

Wir wollen nun aus der Eigenschaft der Stetigkeit Nutzen ziehen und zwei wichtige
Existenzsätze beweisen.

Satz 5.3.1 (Nullstellensatz von Bolzano): Ist die reelle Funktion f auf dem Intervall
$[a, b]$ stetig und gilt $f(a) \cdot f(b) < 0$, so hat f in $[a, b]$ mindestens eine Nullstelle.

Beweis: Der Beweis ist konstruktiv und wird mit dem wichtigen Halbierungsverfahren
geführt. Ohne Beschränkung der Allgemeinheit sei $f(a) < 0 < f(b)$. Wir setzen $a_0 = a$,

$b_0 = b$ und $c_0 = \dfrac{a_0 + b_0}{2}$. Nun unterscheiden wir zwei Fälle: Falls $f(c_0) > 0$ ist, so set-

zen wir $a_1 = a_0$ und $b_1 = c_0$. Im anderen Fall seien $a_1 = c_0$ und $b_1 = b_0$. In beiden Fällen
gilt $f(a_1) \leq 0 \leq f(b_1)$. Wir setzen das Verfahren induktiv fort. Sind also bereits $a_n \leq b_n$
mit $f(a_n) \leq 0 \leq f(b_n)$ konstruiert, so betrachten wir wiederum den Mittelpunkt

$c_n = \dfrac{a_n + b_n}{2}$ des Intervalls $[a_n, b_n]$ und setzen $a_{n+1} = a_n$ und $b_{n+1} = c_n$ bzw.

$a_{n+1} = c_n$ und $b_{n+1} = b_n$ je nach dem, ob $f(c_n) > 0$ oder $f(c_n) \leq 0$ ausfällt. Auf diese
Weise entsteht eine Intervallschachtelung $(a_n \mid b_n)$ mit $f(a_n) \leq 0 \leq f(b_n)$. Es sei nun x_0
der gemeinsame Punkt aller dieser Intervalle. Dann gelten $a_n \to x_0$ und $b_n \to x_0$, und die
Stetigkeit von f ergibt $f(x_0) = \lim f(a_n) \leq 0 \leq \lim f(b_n) = f(x_0)$. Also ist $f(x_0) = 0$. ∎

Als leichte Verallgemeinerung des Nullstellensatzes erhalten wir den Satz über die Lük-
kenlosigkeit der Bildmenge:

Satz 5.3.2 (Zwischenwertsatz): Ist die reelle Funktion f auf dem Intervall $[a, b]$ stetig,
so existiert zu jeder Zahl c zwischen $f(a)$ und $f(b)$ ein $t \in [a, b]$ mit $f(t) = c$.

Beweis: Es genügt, den Fall $f(a) < c < f(b)$ zu betrachten. Die verschobene Funktion
$g(x) = f(x) - c$ erfüllt dann die Voraussetzungen von Bolzanos Nullstellensatz. Daher
existiert ein $t \in [a, b]$ mit $0 = g(t) = f(t) - c$, also gilt $f(t) = c$. ∎

Folgerung 5.3.3: Stetige Funktionen bilden Intervalle *auf* Intervalle ab.

Beweis: Es sei I ein beliebiges (offenes, abgeschlossenes oder halboffenes) Intervall,
es sei $M = f(I)$ die Bildmenge von I unter f. Dann enthält M nach dem Zwischenwertsatz
mit je zwei Zahlen u, v auch das *ganze* Intervall $[u, v]$. Daher ist M selbst ein Intervall. ∎

Die in Folgerung 5.3.3 zum Ausdruck kommende Eigenschaft stetiger Funktionen, daß
„Zusammenhängendes" beim Abbilden zusammenhängend bleibt, ist sogar äquivalent
zu unserer Definition der Stetigkeit. Wir wollen diesen Zugang hier jedoch nicht weiter
verfolgen.

Anwendungen und Übungen

Beispiel 5.3.4: Wir bestimmen die drei Nullstellen von $f(x) = x^3 - 3x + 1$ auf 2 Dezimalstellen genau:

> **Lösung:** Es ist $f(-2) = -1, f(0) = 1, f(1) = -1$ und $f(2) = 3$. Die Funktion f hat daher in den drei Intervallen $[-2,0]$, $[0, 1]$ und $[1,2]$ Vorzeichenwechsel, und nach dem Satz von Bolzano enthält jedes dieser Intervalle eine Nullstelle. Wir berechnen die in $[-2,0]$ enthaltene Nullstelle nach dem Halbierungsverfahren. Es sind
>
> $$a_0 = -2, \qquad b_0 = 0,$$
> $$a_1 = -2, \qquad b_1 = -1 \qquad \text{wegen} \quad f(-1) \; > 0,$$
> $$a_2 = -2, \qquad b_2 = -1.5 \qquad \text{wegen} \quad f(-1.5) > 0,$$
> $$a_3 = -2, \qquad b_3 = -1.75 \qquad \text{wegen} \quad f(-1.75) > 0.$$

Das Verfahren muß so lange fortgesetzt werden, bis $b_n - a_n = 2 \cdot 2^{-n} < 0.01$ ist. Das wird für $n = 8$ erreicht, und dann ist

$$a_8 = -1.883, \quad b_8 = -1.875.$$

Daher ist $x = -1.88 \pm 0.01$ eine Nullstelle. Entsprechend berechnet man die beiden anderen Nullstellen: $x_2 = 0.34 \pm 0.01$ und $x_3 = 1.53 \pm 0.01$.

Ein kleines Computerprogramm erleichtert die Rechnung:

> $a := -2 \, ; \, b := 0 \, ; \, fehler := 0.01;$
>
> <u>while</u> $b - a > fehler$ <u>do</u>
>
> <u>begin</u> $c := (b + a)/2;$
>
>   <u>if</u> $f(c) > 0$ <u>then</u> $b := c$ <u>else</u> $a := c;$
>
> <u>end</u>;
>
> <u>write</u> ("Nullstelle=", a).

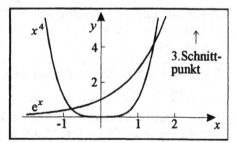

Fig. 5.3.1: Schnittpunkte

Aufgabe 5.3.5: Ermitteln Sie mit Hilfe des Halbierungsverfahrens die drei (!) Schnittpunkte von $f_1(x) = x^4$ und $f_2(x) = e^x$ (s. Figur 5.3.1, vgl. auch Aufgabe 3.8.4)!

Aufgabe 5.3.6: Der Zwischenwertsatz ermöglicht auch eine vereinfachte Methode für das Auflösen von Ungleichungen: Lösen Sie die Ungleichung $x^2 - x - 6 > 0$, indem Sie die Lösungen $x_{1,2}$ der zugehörigen Gleichung bestimmen und dann das Verhalten von $x^2 - x - 6$ auf den Teilintervallen $(-\infty, x_1), (x_1, x_2)$ und $(x_2, +\infty)$ testen! Warum kann die Funktion innerhalb dieser Intervalle ihr Vorzeichen *nicht* wechseln? (Vgl. 1.5.6b)!)

5.4   Der Satz vom Maximum und Minimum

Wir betrachten den Graphen einer beliebigen stetigen Funktion und stellen die Frage nach absoluten Maximal- und Minimalwerten. Die Existenz solcher Werte ist wegen der möglichen Kompliziertheit der Kurve (z.B. Figur 2.1.4) keineswegs selbstverständlich! Vor diesem Hintergrund ist der folgende Satz schon überraschend:

Satz 5.4.1 (vom Maximum und Minimum): Es sei f auf dem *abgeschlossenen* und *beschränkten* Intervall $[a, b]$ stetig. Dann existieren Punkte x_0, $x_1 \in [a, b]$ mit

$f(x_0) \leq f(x) \leq f(x_1)$ für alle x $\in [a, b]$.

Die Funktion f nimmt also bei x_0 ihr (absolutes) Minimum und bei x_1 ihr (absolutes) Maximum an. Insbesondere ist f auf $[a, b]$ beschränkt.

Beweis: Wir wollen die Existenz eines Maximums zeigen. Falls die Menge $M = \{f(x): a \leq x \leq b\}$ nach oben beschränkt ist, so sei $z = \sup M$, andernfalls sei $z = \infty$. In jedem Fall existiert eine Folge (x_n) in $[a, b]$ mit $f(x_n) \uparrow z$. Die Folge (x_n) kann im Intervall $[a, b]$ zwar wild verteilt sein, doch sie hat nach dem Satz von Bolzano-Weierstraß zumindest einen Häufungspunkt x^*, der wegen der Abgeschlossenheit von $[a, b]$ auch zu $[a, b]$ gehört. Nach 3.6.6b) gibt es eine Teilfolge (x_{n_k}) von (x_n) mit $x_{n_k} \to x^*$. Wegen der Stetigkeit von f gilt dann $f(x_{n_k}) \to f(x^*)$, und wegen $f(x_n) \to z$ und der Eindeutigkeit des Grenzwertes ist $z = f(x^*) < \infty$. Also hat f bei x^* ein Maximum. Insbesondere ist f auf $[a, b]$ nach oben beschränkt. Entsprechend zeigt man die Existenz eines Minimums und die Beschränktheit von f nach unten.   ∎

Leider ist der Beweis des Satzes vom Maximum und Minimum nicht konstruktiv, schon die Existenz von z basiert ja nur auf dem nicht konstruktiven Vollständigkeitsaxiom aus 1.2. Für die praktische Berechnung von Maxima ist der Satz also nicht geeignet, sein theoretischer Stellenwert ist aber überaus hoch (vgl. 6.4.1/2, 8.4.1). Als erste Anwendung erhalten wir:

Folgerung 5.4.2: Stetige Funktionen bilden abgeschlossene Intervalle *auf* abgeschlossene Intervalle ab.

Beweis: Wegen Folgerung 5.3.3 ist die Bildmenge eines abgeschlossenen Intervalls ein Intervall, wegen des Satzes vom Maximum und Minimum gehören aber auch die Ränder dieses Intervalls zur Bildmenge.   ∎

Der Satz vom Maximum und Minimum gilt nicht nur für stetige Funktionen auf Intervallen. Er läßt sich bei geeigneter Begriffsbildung auch auf stetige Funktionen mit mehreren Variablen übertragen und ist sehr nützlich für das Studium von Funktionen, die auf Teilmengen der Ebene oder des Raumes definiert sind (z.B. in 8.3.6). Eine Anwendung geben wir in 8.4.

Aufgaben und Ergänzungen

Aufgabe 5.4.3: Es sei $f: \mathbf{R} \to \mathbf{R}$ eine ganzrationale Funktion vom Grad ≥ 1. Zeigen Sie:

a) $\lim\limits_{x \to \pm\infty} |f(x)| = \infty$.   b) Die Funktion $|f|$ hat auf $\mathbf{R}$ ein Minimum.

Aufgabe 5.4.4: Die stetige Funktion $f(x) = e^x$ hat auf $\mathbf{R}$ weder ein Maximum noch ein Minimum. Widerspricht das dem Satz vom Maximum?

Aufgabe 5.4.5: Zur Vermeidung von Mißverständnissen sollte sich der Anfänger den Unterschied zwischen dem (absoluten oder globalen) Maximum einer Funktion im Sinn von Satz 5.4.1 und den relativen oder lokalen Maxima, die wir in 6.5.2 definieren werden, deutlich machen. Bestimmen Sie zur Übung die absoluten und die relativen Maxima und Minima von $f(x) = |x|$ auf dem Intervall $[-1, 2]$!

Beispiel 5.4.6: Stetige Funktionen können an sehr vielen Stellen ihr Maximum annehmen. Eine besonders exotische stetige Funktion ist das folgende Beispiel von TAKAGI[1] (1903), das wir auch im Kapitel 6 als Gegenbeispiel verwenden wollen. Es sei $f: \mathbf{R} \to [0, 1]$ die Sägezahnfunktion mit der Periode 1 und der Amplitude 1, die für $0 \leq x \leq 0.5$ durch $f(x) = 2x$ und für $0.5 \leq x \leq 1$ durch $f(x) = 2 - 2x$ definiert ist. Die Funktionen $f_k(x) = \dfrac{f(2^k x)}{2^k}$ für $k \in \mathbf{N}$ sind immer feinere Abbilder von f, und durch Aufsummieren erhält man die stetigen (Nachweis?) Funktionen

$$g_n(x) = \sum_{k=0}^{n} f_k(x) \quad \text{und} \quad g(x) = \sum_{k=0}^{\infty} f_k(x) \quad \text{für alle } x \in \mathbf{R}.$$

In Figur 5.4.1 ist der Graph der Takagi-Funktion g dargestellt, der keineswegs so rund und glatt ist, wie es die Skizze nahelegt. Da g durch Aufsetzen von immer mehr Spitzen f_k entstanden ist, ist der Graph von g sehr "rauh" und hat keine Tangenten. Jede Vergrößerung eines Ausschnittes wäre ebenso rauh. Schließlich erahnt man aus der Skizze, daß g an sehr vielen Stellen ihren Maximalwert 4/3 annimmt. Unter Ver-

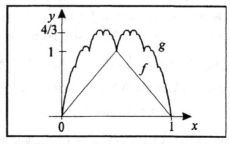

Fig. 5.4.1: Takagi-Funktion

wendung der Formel $g_{2n+1}(x) = g_{2n-1}(x) + 4^{-n} g_1(4^n x)$ für alle $x \in [0, 1]$ kann man in der Tat zeigen, daß der Funktionswert $g(x)$ genau dann maximal wird, wenn in der 4-adischen Entwicklung von $x = 0.a_1 a_2 a_3...$ genau die Ziffern 1 oder 2 vorkommen. Die Funktion g hat also auf dem Intervall $[0, 1]$ *ebenso viele Maximalstellen, wie es reelle Zahlen gibt!*

---

[1] TEIJI TAKAGI (1875-1960), Professor in Tokio.

5.5   Gleichmäßige Stetigkeit und Lipschitz-Stetigkeit

Dieser etwas schwierige Begriff wurde erstmals von HEINE[1] zur Schließung einer wesentlichen Lücke in CAUCHYs Arbeiten zur Existenz des Integrals stetiger Funktionen
geprägt und verwendet. Wir werden ihn an gleicher Stelle benutzen. Inzwischen haben
die Begriffe der gleichmäßigen Stetigkeit und der gleichmäßigen Konvergenz ihre
Nützlichkeit an vielen Stellen erwiesen. Wir kommen hier erstmalig mit dieser Eigenschaft „gleichmäßig" zusammen. Erinnern wir uns: Eine Funktion $f: I \to \mathbf{R}$ ist stetig auf
dem Intervall I, wenn für jede Stelle $x \in I$ und jede Folge (x_n) in I aus $x_n \to x$ stets
$f(x_n) \to f(x)$ folgt. In äquivalenter Formulierung bedeutet dies: Für jedes $x \in I$ gilt
$\lim_{h \to 0} |f(x+h) - f(x)| = 0$. Gleichmäßige Stetigkeit auf I bedeutet nun, daß diese Konvergenz an allen Stellen $x \in I$ „*gleichmäßig schnell*" vonstatten geht. In präziser Formulierung also:

Definition 5.5.1: Eine Funktion $f: I \to \mathbf{R}$ heißt *gleichmäßig stetig* auf dem Intervall I,

falls $\lim_{h \to 0} \sup_{x,\, x+h \in I} |f(x+h) - f(x)| = 0$ gilt.

Äquivalente ε-δ-Charakterisierung: Für jedes $\varepsilon > 0$ existiert ein $\delta > 0$ derart, daß
für alle Punkte $x, x' \in I$ aus $|x - x'| < \delta$ stets $|f(x) - f(x')| < \varepsilon$ folgt.

Nun die entscheidende Entdeckung von HEINE:

Satz 5.5.2: Ist f auf dem abgeschlossenen und beschränkten Intervall $[a, b]$ stetig, so ist
f dort sogar gleichmäßig stetig.

Beweis: Angenommen, f wäre auf $[a, b]$ nicht gleichmäßig stetig. Dann gäbe es ein
$\varepsilon > 0$ derart, daß zu jedem $n \in \mathbf{N}^*$ und jedem $\delta_n = \frac{1}{n}$ zwei Punkte $x_n, x'_n \in [a, b]$ mit
$|x_n - x'_n| < \delta_n = \frac{1}{n}$, aber $|f(x_n) - f(x'_n)| \geq \varepsilon$ existieren würden. Nach dem Satz von
Bolzano-Weierstraß hat die beschränkte Folge (x_n) einen Häufungspunkt x^*, und wir
können nach 3.6.6b) eine Teilfolge (x_{k_n}) von (x_n) mit $x_{k_n} \to x^*$ auswählen. Da $[a, b]$
abgeschlossen ist, gilt $x^* \in [a, b]$, und wegen $|x_n - x'_n| < \frac{1}{n}$ gilt mit $x_{k_n} \to x^*$ auch
$x'_{k_n} \to x^*$. Nach Voraussetzung ist f auch bei x^* stetig, also gilt

$$|f(x_{k_n}) - f(x'_{k_n})| = |f(x_{k_n}) - f(x^*) - (f(x'_{k_n}) - f(x^*))|$$

$$\leq |f(x_{k_n}) - f(x^*)| + |f(x'_{k_n}) - f(x^*)| \to 0.$$

Das steht aber im Widerspruch zur Annahme $|f(x_n) - f(x'_n)| \geq \varepsilon$ für alle $n \in \mathbf{N}^*$.   ∎

---

[1] HEINRICH EDUARD HEINE (1821-1881), Professor in Halle.

Aufgaben und Ergänzungen

Beispiel 5.5.3: Die Funktion $f(x) = x^2$ ist überall stetig und daher nach 5.5.2 auf jedem *beschränkten* und *abgeschlossenen* Intervall sogar gleichmäßig stetig. Auf $M = \mathbb{R} = (-\infty, +\infty)$ ist sie aber *nicht gleichmäßig stetig*: In der Tat, für jedes $h > 0$ gilt

$$\sup_{x,\,x+h \in \mathbb{R}} |(x+h)^2 - x^2| = \sup_{x,\,x+h \in \mathbb{R}} |2xh + h^2| = \infty,$$

und der Limes für $h \to 0$ ist daher auch $= \infty$. In ε-δ-Charakterisierung: Schon zu $\varepsilon = 1$ kann es kein passendes $\delta > 0$ geben, denn wählt man zu beliebigem $\delta > 0$ die Punkte $x = \dfrac{1}{\delta}$ und $x' = x + 0.9 \cdot \delta$, so ergibt sich zwar $|x - x'| = 0.9 \cdot \delta < \delta$, aber auch $|x^2 - x'^2| = |x + x'| \cdot |x - x'| \geq 2x \cdot 0.9 \cdot \delta = \dfrac{2}{\delta} \cdot 0.9 \cdot \delta = 1.8 > 1 = \varepsilon$.

Definition 5.5.4: Eine Funktion $f\colon I \to \mathbb{R}$ heißt *Lipschitz[2]-stetig* auf einem Intervall I, wenn es eine Konstante L mit

$$|f(x) - f(x')| \leq L \cdot |x - x'| \text{ für alle } x, x' \in I$$

gibt.

♦   Grob gesprochen bedeutet Lipschitz-Stetigkeit, daß δ proportional zu ε gewählt werden kann!

Aufgabe 5.5.5: Beweisen Sie: Ist f auf dem Intervall I Lipschitz-stetig, so ist f dort auch gleichmäßig stetig!

Aufgabe 5.5.6: Zeigen Sie, daß die Funktion $f(x) = \sqrt{x}$ auf $[0, 1]$ zwar gleichmäßig stetig, aber nicht Lipschitz-stetig ist!

Aufgabe 5.5.7: Zeigen Sie, daß die Sinusfunktion auf $\mathbb{R}$ gleichmäßig stetig ist!

Aufgabe 5.5.8: Zeigen Sie:

a) Summe, Differenz und Produkt zweier auf $[a, b]$ Lipschitz-stetiger Funktionen sind Lipschitz-stetig.

b) Die Verkettung Lipschitz-stetiger Funktionen ist Lipschitz-stetig.

Didaktische Anmerkung:

Die Lipschitz-Stetigkeit ist begrifflich wesentlich leichter zu erfassen, als die gewöhnliche Stetigkeit. Darüber hinaus hat auch die Lipschitz-Stetigkeit gute Invarianzeigenschaften (s. Aufgabe 5.5.8). Vor diesem Hintergrund sind Versuche verständlich, den Analysiskurs der Schule auf die sogenannte Lipschitz-Analysis zu reduzieren.

---

[2] RUDOLF LIPSCHITZ (1832-1903), Professor in Bonn.

6 Differentialrechnung

6.1 Differenzierbarkeit

Der Begriff der Ableitung einer Funktion kann sowohl *geometrisch als Tangentenanstieg* als auch *analytisch als Änderungsrate der Funktion* eingeführt werden. Beide Konzepte ergänzen sich hervorragend. Der analytische Zugang ist jedoch wesentlich leistungsfähiger: Er liefert quantitative Ergebnisse, ermöglicht Existenzuntersuchungen und ist verallgemeinerungsfähig. Zur Vorbereitung definieren wir noch:

Definition 6.1.1: Ein Punkt a heißt ein *innerer Punkt* einer Teilmenge $M \subseteq \mathbf{R}$, falls es ein ganzes Intervall $U_\delta(a) = (a - \delta, a + \delta)$ mit $U_\delta(a) \subseteq M$ gibt.

Offene Intervalle und ihre Vereinigungen sind wichtige Beispiele für Mengen, die ausschließlich aus inneren Punkten bestehen. Solche Mengen heißen *offen*.

Definition 6.1.2: Es sei f eine Funktion aus $\mathbf{R}$ in $\mathbf{R}$, und es sei a ein innerer Punkt von $\mathbf{D}(f)$. Dann heißt f *differenzierbar bei a*, wenn der sogenannte *Differentialquotient* $f'(a) = \lim\limits_{x \to a} \dfrac{f(x) - f(a)}{x - a}$ existiert und endlich ist. Im Fall der Existenz heißt die Zahl $f'(a)$ die *Ableitung von f bei a*. Durch die Vorschrift $x \mapsto f'(x)$ wird auf $\mathbf{D}(f') = \{x : f \text{ ist bei } x \text{ differenzierbar}\}$ eine Funktion f' definiert. Diese heißt die *Ableitung* von f.

Die Differenzierbarkeit ermöglicht eine sogenannte „*Linearisierbarkeit im Kleinen*", die in geometrischer Fassung die Existenz der Tangente bedeutet. Genauer gilt:

Satz 6.1.3 (Weierstraßsche Zerlegungsformel): Die Funktion f ist genau dann bei $a \in \mathbf{D}(f)$ differenzierbar, wenn es eine Zahl m und eine Funktion $\rho_a(x)$ in einer Umgebung $U_\delta(a) = (a - \delta, a + \delta)$ so gibt, daß auf $U_\delta(a)$ die Formel

$$f(x) = f(a) + m \cdot (x - a) + \rho_a(x) \cdot (x - a) \text{ mit } \lim_{x \to a} \rho_a(x) = 0 \qquad \text{(WZF)}$$

gilt. Dabei ist dann $m = f'(a)$ die Ableitung von f bei a.

Beweis: Definiert man ρ_a für eine feste Zahl $m \in \mathbf{R}$ durch $\rho_a(x) = \dfrac{f(x) - f(a)}{x - a} - m$,

so gilt $\lim\limits_{x \to a} \rho_a(x) = 0$ genau dann, wenn $\lim\limits_{x \to a} \dfrac{f(x) - f(a)}{x - a} = m$ ist. ∎

Folgerung 6.1.4: Ist f bei a differenzierbar, so ist f dort auch stetig.

Beweis: Der Grenzübergang $x \to a$ in der Formel (WZF) aus Satz 6.1.3 ergibt $f(x) \to f(a)$. Das zeigt die Stetigkeit von f bei a. ∎

Aufgaben und Ergänzungen

Aufgabe 6.1.5: Beweisen Sie die folgenden Ableitungsformeln durch Berechnung der Differentialquotienten:

a) $(x^2)' = 2x,$ b) $(x^n)' = n \cdot x^{n-1}$ für $n \in \mathbf{N}^*$,   c) $(x^{-1})' = -x^{-2}$ für $x \neq 0$.

Gegenbeispiel 6.1.6: Stetigkeit ist notwendig, aber nicht hinreichend für Differenzierbarkeit! Zeigen Sie, daß die *überall stetige* Funktion $f(x) = |x|$ bei $x = 0$ *nicht differenzierbar* ist! (Die stetige Takagi-Funktion aus 5.4.6 ist sogar nirgends differenzierbar!)

Das Tangentenproblem und die Weierstraßformel

Differenzenquotienten $\dfrac{f(x) - f(a)}{x - a}$ können geometrisch als Sekantenanstiege gedeutet

werden (s. Fig. 6.1.1). Die Ableitung $\lim\limits_{x \to a} \dfrac{f(x) - f(a)}{x - a}$ ist daher (im Fall der Existenz)
der Grenzwert der Sekantenanstiege für $x \to a$. Wir wollen nun eine geometrische Interpretation der Weierstraßschen Zerlegungsformel finden: Der Teilausdruck $g(x) = f(a) + m \cdot (x - a)$ aus der Zerlegungsformel (WZF) definiert eine *lineare Funktion* g. Die Zerlegungsformel postuliert also die Möglichkeit der Zerlegung

$f(x) =$ *lineare Funktion* $+$ *„kleiner" Fehler*

als charakteristisch für die Differenzierbarkeit von f. Geometrisch bedeutet dies, daß die durch $y = g(x)$ beschriebene Gerade den Graphen der Funktion f sehr gut berührt und daher *Tangente* an die Kurve genannt wird (s. Abb. 6.1.2).

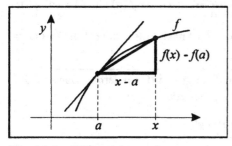
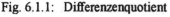
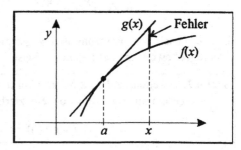

Fig. 6.1.1: Differenzenquotient   Fig. 6.1.2: Linearisierbarkeit im Kleinen

---

Merke: Ist die Funktion f bei a differenzierbar, so hat der Graph von f im Punkt $(a, f(a))$ eine Tangente mit der Gleichung $g(x) = f(a) + f'(a) \cdot (x - a)$ und einem Anstieg $f'(a)$, der sich als Grenzwert der Sekantenanstiege errechnen läßt.

Aufgabe 6.1.7: Bestimmen Sie die Gleichung der Tangenten für die folgenden Funktionen und machen Sie sich den kleinen Fehler $\rho_a(x) \cdot (x - a)$ durch eine Wertetabelle und eine graphische Darstellung für f und die Tangente klar:

a) $f(x) = x^2$ im Punkt $(1, 1)$,   b) $f(x) = 1/x$ im Punkt $(1, 1)$.

6.2   Differentiationsregeln

Die Berechnung von Ableitungen erweist sich zum Glück als recht einfach, da sich mittels der früher bewiesenen Grenzwertsätze sehr handliche Differentiationsregeln gewinnen lassen. In modernen Computeralgebrasystemen sind diese Regeln ebenfalls implementiert, so daß formales Differenzieren mit dem Computer möglich ist.

Satz 6.2.1: Die Funktionen f und g seien in einem inneren Punkt a von $\mathbf{D}(f) \cap \mathbf{D}(g)$ differenzierbar. Dann sind auch skalare Vielfache, Summe, Differenz, Produkt und Quotient (unter der Voraussetzung $g(a) \neq 0$) differenzierbar, und es gelten:

a) $(\lambda f)'(a) = \lambda f'(a)$ für alle $\lambda \in \mathbf{R}$,

b) $(f \pm g)'(a) = f'(a) \pm g'(a)$,   (Summenregel)

c) $(f \cdot g)'(a) = f'(a) \cdot g(a) + f(a) \cdot g'(a)$,   (Produktregel)

d) $\left(\dfrac{f}{g}\right)'(a) = \dfrac{f'(a)\,g(a) - f(a)\,g'(a)}{g(a)^2}$.   (Quotientenregel)

Beweis: Die Beweise zu a) und b) sind sehr leicht, und wir überlassen sie dem Leser. Der Beweis zur Produktregel erfordert einen kleinen Trick: Für $x \in \mathbf{D}(f) \cap \mathbf{D}(g)$ gilt

$$\frac{f(x)g(x) - f(a)g(a)}{x-a} = \frac{f(x)g(x) - f(x)g(a) + f(x)g(a) - f(a)g(a)}{x-a}$$

$$= f(x)\frac{g(x) - g(a)}{x-a} + \frac{f(x) - f(a)}{x-a}g(a) \;\rightarrow\; f(a)\,g'(a) + f'(a)\,g(a)$$

für $x \to a$ nach Voraussetzung und wegen $f(x) \to f(a)$ nach Folgerung 6.1.4. Die Quotientenregel beweist man auf analoge Weise.   ■

Satz 6.2.2 (Kettenregel): Es seien g bei a und f bei $g(a)$ differenzierbar. Dann ist die Verkettung $f \circ g$ bei a differenzierbar, und es gilt

$$(f \circ g)'(a) = f'(g(a)) \cdot g'(a).$$

Beweis: Ein sehr einfacher Beweis, der allerdings $g(x) \neq g(a)$ für alle $x \neq a$ voraussetzt, ergibt sich wie folgt: Wir erweitern den Differenzenquotienten für $f \circ g$ und erhalten

$$\frac{f(g(x)) - f(g(a))}{x-a} = \frac{f(g(x)) - f(g(a))}{g(x) - g(a)} \cdot \frac{g(x) - g(a)}{x-a} \rightarrow f'(g(a)) \cdot g'(a)$$

für $x \to a$ nach Definition der Ableitungen von f und g und wegen $g(x) \to g(a)$. Ein allgemeiner Beweis, der die Division durch $g(x) - g(a)$ vermeidet, ergibt sich durch die Untersuchung der Weierstraßschen Zerlegungsformel für $f \circ g$.   ■

Beispiele und Aufgaben

Beispiel 6.2.3: Wir bestimmen die Ableitung der ganzrationalen Funktion

$$f(x) = x^4 + 2x^3 - x + 1$$

mit Hilfe der Regeln aus Satz 6.2.1. Diese erlauben die gliedweise Differentiation, und unter Verwendung der Formeln aus Aufgabe 6.1.5b) ergibt sich

$$f'(x) = (x^4+2x^3-x+1)' = (x^4)'+(2x^3)'-(x)'+(1)' = 4x^3 + 2 \cdot 3x^2 - x^0 + 0 = 4x^3+6x^2-1.$$

Merke: Ganzrationale Funktionen können gliedweise differenziert werden, dabei gilt

$$\left(\sum_{k=0}^{n} a_k x^k \right)' = \sum_{k=1}^{n} k \cdot a_k \, x^{k-1} .$$

Aufgabe 6.2.4: Bestimmen Sie die Ableitung von $f(x) = -x^5 + 3x^2 - 2$!

Aufgabe 6.2.5: In welchen Punkten hat die Tangente an die Funktion

$$f(x) = \tfrac{1}{3} x^3 + \tfrac{1}{4} x^2 - \tfrac{1}{2} x + 1$$

den Anstieg 1?

Aufgabe 6.2.6: Bestätigen Sie die Formel $(x^3)' = 3x^2$ durch wiederholte Anwendung der Produktregel auf die Funktion $f(x) = x^3 = x \cdot x \cdot x$!

Aufgabe 6.2.7: Bestätigen Sie mittels vollständiger Induktion und unter Verwendung der Produktregel erneut die Ableitungsformel $(x^n)' = n \cdot x^{n-1}$ für $n \in \mathbf{N}^*$!

Aufgabe 6.2.8: Bestätigen Sie unter Verwendung der Quotientenregel die Formel $(x^{-n})' = -n \cdot x^{-(n+1)}$ für $n \in \mathbf{N}^*$ und $x \neq 0$!

Aufgabe 6.2.9: Bestimmen Sie die Ableitung der Funktion $f(x) = \dfrac{x}{1+x}$!

Beispiel 6.2.10 (Anwendung der Kettenregel): Wir bestimmen die Ableitung der Funktion $F(x) = (2x + 6)^3$. Diese Funktion ist die Verkettung der Funktionen $g(x) = 2x + 6$ als innere und $f(y) = y^3$ als äußere Funktion. Die Kettenregel ergibt daher:

$$F'(x) = f'(g(x)) \cdot g'(x) = 3 \cdot (2x + 6)^{3-1} \cdot 2 = 6(2x + 6)^2 .$$

Aufgabe 6.2.11: Bestimmen Sie die Ableitung folgender Funktionen:

a) $F(x) = (3x^4 + 1)^5$,   b) $F(x) = (2x^2 + x)^3 - x^2$!

Satz 6.2.12 (Differentiation der Umkehrfunktion): Es sei f streng monoton und stetig auf dem offenen Intervall I, es sei g die Umkehrfunktion zu f. Falls f bei $a \in I$ differenzierbar und $f'(a) \neq 0$ ist, so ist g bei $b = f(a)$ differenzierbar, und es gilt

$$g'(b) = \frac{1}{f'(g(b))} \, .$$

Beweis: Mit $y = f(x)$ folgt

$$\frac{g(y) - g(b)}{y - b} = \frac{g(f(x)) - g(f(a))}{f(x) - f(a)} = \frac{x - a}{f(x) - f(a)} = \left(\frac{f(x) - f(a)}{x - a} \right)^{-1} \to \frac{1}{f'(a)} \, . \; \blacksquare$$

Satz 6.2.13: Potenzreihen können auf dem Innern ihres Konvergenzbereichs gliedweise differenziert werden, und es gilt

$$\left(\sum_{k=0}^{\infty} a_k x^k \right)' = \sum_{k=1}^{\infty} k \cdot a_k x^{k-1} \quad \text{für } |x| < R = \text{Konvergenzradius.}$$

Beweis: Der Beweis ist etwas schwierig und kann beim ersten Lesen übergangen werden. Wir setzen

$$f(x) = \sum_{k=0}^{\infty} a_k x^k \, , \qquad f_n(x) = \sum_{k=0}^{n} a_k x^k \, , \qquad r_n(x) = \sum_{k=n+1}^{\infty} a_k x^k \, ,$$

$$g(x) = \sum_{k=1}^{\infty} k \cdot a_k x^{k-1} \, , \qquad g_n(x) = \sum_{k=1}^{n} k \cdot a_k x^{k-1} \, , \qquad \rho_n(x) = \sum_{k=n+1}^{\infty} k \cdot |a_k| |x|^{k-1}$$

und wollen $\dfrac{f(x) - f(a)}{x - a} \to g(a)$ zeigen. Es sei $R > 0$ der Konvergenzradius von $f(x)$. Wegen $\overline{\lim_{k}} \sqrt[k]{|k \cdot a_k|} = \overline{\lim_{k}} \sqrt[k]{k} \cdot \sqrt[k]{|a_k|} = \overline{\lim_{k}} \sqrt[k]{|a_k|}$ ist R auch der Konvergenzradius von $g(x)$ und von $\rho_n(x)$. Wir wählen nun eine Zahl r mit $|a| < r < R$. Zu gegebenem $\varepsilon > 0$ gibt es eine Zahl $m = m(\varepsilon)$ mit $\rho_m(r) < \varepsilon$. Wegen $f_m'(x) = g_m(x)$ existiert zu ε ein $\delta = \delta(\varepsilon) < r - |a|$ mit

$$\left| \frac{f_m(x) - f_m(a)}{x - a} - g_m(a) \right| < \varepsilon \quad \text{für alle } x \text{ mit } |x - a| < \delta.$$

Somit gilt für diese x wegen $|x|, |a| < r$ und Formel 1.1.7 die Abschätzung

$$\left| \frac{f(x) - f(a)}{x - a} - g(a) \right| \leq \left| \frac{f_m(x) - f_m(a)}{x - a} - g_m(a) \right| + |g_m(a) - g(a)| + \left| \frac{r_m(x) - r_m(a)}{x - a} \right| <$$

$$< \varepsilon + \rho_m(a) + \left| \sum_{k=m+1}^{\infty} a_k \frac{x^k - a^k}{x - a} \right| \leq \varepsilon + \rho_m(r) + \sum_{k=m+1}^{\infty} |a_k| \cdot k \cdot r^{k-1} = \varepsilon + 2\rho_m(r) < 3\varepsilon. \; \blacksquare$$

Aufgaben und Ergänzungen

Aufgabe 6.2.14: Beweisen Sie die Quotientenregel auf zwei Weisen:

a) Mit der zum Beweis der Produktregel angewandten Methode!

b) Mit der Produkt- und Kettenregel durch Differentiation von $f(x) \cdot g(x)^{-1}$!

Aufgabe 6.2.15: Beweisen Sie die Formel $(\sqrt{x})' = \dfrac{1}{2\sqrt{x}}$ für $x > 0$ mittels 6.2.12!

Aufgabe 6.2.16: Bestimmen Sie die Ableitung von e^x durch Differentiation der Reihe!

Die Differentiationsregeln in Leibniz-Symbolik

Die Differential-Integralrechnung wurde zeitgleich, aber unabhängig voneinander von GOTTFRIED WILHELM LEIBNIZ (1646-1716) und ISAAC NEWTON (1643-1727) entwik-kelt. Für LEIBNIZ stand im Zentrum des Interesses die infinitesimale Abhängigkeit einer Größe $y = f(x)$ von der Größe x. Das führte ihn auf die Untersuchung des Differential-quotienten

$$\frac{dy}{dx} = \lim_{\Delta x \to 0} \frac{\Delta y}{\Delta x} = \lim_{h \to 0} \frac{f(x+h) - f(x)}{h},$$

den wir bisher (mit NEWTON) durch $f'(x)$ bezeichnet haben, um den Funktionscharakter zu betonen. Doch bietet auch die Leibnizsche Symbolik einige Vorteile und hat sich letztlich auch durchgesetzt. Die Differentiationsregeln nehmen in diesem Gewand die Gestalt einer „Bruchrechnung" an. Diese „Bruchrechnung für Differentiale" wird gern benutzt, ohne daß man den Differentialen dy und dx selbständige Bedeutung gibt (was aber auch möglich wäre).

Die Summenregel: Es seien $y = y(x)$ und $z = z(x)$ zwei differenzierbare Funktionen. Dann gilt nach 6.2.1b) die Formel:

$$\frac{d(y+z)}{dx} = \frac{dy}{dx} + \frac{dz}{dx}.$$

Die Kettenregel: Es seien $y = y(x)$ und $z = z(y)$ zwei differenzierbare Funktionen. Dann gilt nach Satz 6.2.2 für die Ableitung der verketteten Funktion $x \mapsto z(y(x))$ die Formel:

$$\frac{dz}{dx} = \frac{dz}{dy} \cdot \frac{dy}{dx}. \qquad\qquad \text{„Kürzungsregel"}$$

Die Differentiation der Umkehrfunktion: Es sei $y = y(x)$ differenzierbar wie in Satz 6.2.12, und es sei $x = x(y)$ die zugehörige Umkehrfunktion. Dann gilt nach Satz 6.2.12:

$$\frac{dx}{dy} = \frac{1}{\dfrac{dy}{dx}}. \qquad\qquad \text{„Kehrwertformel"}$$

6.3   Differentiation elementarer Funktionen

Wir wollen die im vorangegangenen Abschnitt erhaltenen Regeln zur Differentiation elementarer Funktionen heranziehen. Aus Satz 6.2.1, 6.2.3 und 6.2.13 ergibt sich:

Satz 6.3.1:

    a) Ganzrationale Funktionen und Potenzreihen können gliedweise differenziert werden, ihre Ableitungen sind wieder von gleicher Art.

    b) Gebrochenrationale Funktionen können nach der Quotientenregel differenziert werden, ihre Ableitungen sind wieder gebrochenrationale Funktionen.

Für die Exponential-, Logarithmus- und allgemeine Potenzfunktion gilt:

Satz 6.3.2:

    a) Für alle $x \in \mathbf{R}$ gilt $(e^x)' = e^x$.

    b) Für alle $x > 0$ gilt $(\ln x)' = \dfrac{1}{x}$.

    c) Für alle $x > 0$ und alle $\alpha \in \mathbf{R}$ gilt $(x^\alpha)' = \alpha x^{\alpha-1}$.

Beweis: Zu a): Wir beweisen zunächst die Hilfsformel

$$\lim_{x \to 0} \frac{e^x - 1}{x} = 1, \qquad\qquad (*)$$

die der Ableitung an der Stelle $x = 0$ entspricht. Nach 3.5.1 mit $n = 1$ gilt $1 \pm x \le e^{\pm x}$ für $|x| < 1$, und hieraus folgt nach Umstellung die Doppelungleichung $x \le e^x - 1 \le x\, e^x$. Die Division durch x liefert $1 \le \dfrac{e^x - 1}{x} \le e^x$ für $x > 0$ bzw. $1 \ge \dfrac{e^x - 1}{x} \ge e^x$ für $x < 0$. Nach dem Einschließungskriterium 3.3.1 folgt hieraus unsere Zwischenbehauptung wegen $e^{\pm x} \to 1$ für $x \to 0$. Im allgemeinen Fall seien nun $a, x \in \mathbf{R}$ gegeben. Mit der Substitution $h = x - a$ und der Formel $(*)$ ergibt sich dann wie behauptet

$$\lim_{x \to a} \frac{e^x - e^a}{x - a} = \lim_{x \to a} e^a \cdot \frac{e^{x-a} - 1}{x - a} = e^a \cdot \lim_{h \to 0} \frac{e^h - 1}{h} = e^a \cdot 1 = e^a.$$

Zu b): Die Funktion $f(x) = \ln x$ ist die Umkehrfunktion von $g(y) = e^y$. Daher ist

$$f'(x) = \frac{1}{g'(f(x))} = \frac{1}{e^{f(x)}} = \frac{1}{e^{\ln x}} = \frac{1}{x}.$$

Zu c): Es ist $f(x) = x^\alpha = e^{\alpha \cdot \ln x}$ nach Problem 2.3.5. Mit der Kettenregel folgt daher

$$f'(x) = (e^{\alpha \cdot \ln x})' = e^{\alpha \cdot \ln x} \cdot (\alpha \cdot \ln x)' = e^{\alpha \cdot \ln x} \cdot \alpha \cdot x^{-1} = \alpha \cdot x^\alpha \cdot x^{-1} = \alpha \cdot x^{\alpha-1}. \quad \blacksquare$$

Übungen zur Differentialrechnung

Aufgabe 6.3.3: Berechnen Sie die folgenden Ableitungen :

a) $(x^5 + 4x^2 + 5x^{-1})'$,   b) $\left(\dfrac{x^2}{1+x}\right)'$,   c) $\left(\dfrac{x}{2+x^3}\right)'$.

Aufgabe 6.3.4: Berechnen Sie die folgenden Ableitungen mittels Kettenregel:

a) $\left(e^{x^2}\right)'$,   b) $\left(e^{\sqrt{x}}\right)'$,   c) $\left(e^{2x+3}\right)'$,   d) $\left(\ln\dfrac{1}{1+x^2}\right)'$.

Aufgabe 6.3.5: Bestimmen Sie die Gleichungen der Tangenten an die Funktionen

a) $f(x) = x^2 - 1$ im Punkt $(1,0)$,   b) $f(x) = 2^x$ im Punkt $(0,1)$!

Aufgabe 6.3.6: Bestimmen Sie eine Parabel mit Nullstellen bei 0 und 1 und einem Anstieg 2 bei $x = 1$!

Aufgabe 6.3.7: Fügen Sie durch geeignete Wahl der Parameter a, b die Funktionen $f(x) = e^{2x}$ für $x \geq 0$ und $g(x) = x^2 + ax + b$ für $x < 0$ so zusammen, daß eine auf ganz **R** differenzierbare Funktion h entsteht!

Aufgabe 6.3.8: Begründen Sie mit der Weierstraßschen Zerlegungsformel, weshalb $e^x \approx 1 + x$ und $\ln(1 + x) \approx x$ für x nahe bei 0 gute Näherungen sind!

Machen Sie sich die Güte der Approximation auch mittels einer Wertetabelle für $x = -0.2, \dots, 0.2$ mit der Schrittweite $h = 0.1$ klar!

Aufgabe 6.3.9: Beweisen Sie $(a^x)' = a^x \cdot \ln a$ und $\left(\log_a x\right)' = \dfrac{1}{x \cdot \ln a}$!

(Hinweis: Benutzen Sie die Formeln $a^x = e^{x \cdot \ln a}$ und $\log_a x = \dfrac{\ln x}{\ln a}$.)

Aufgabe 6.3.10: Zeigen Sie, daß die Funktion $y = f(x) = e^{-kx}$ die Differentialgleichung $y' = -ky$ erfüllt! Diese Differentialgleichung heißt für $k \geq 0$ *Zerfallsgleichung*, sie modelliert Zerfalls- und Sterbeprozesse. Die Gleichung $y' = +ky$ mit $k \geq 0$ heißt *Wachstumsgleichung*. Finden Sie Lösungen!

Die Ableitung der trigonometrischen Funktionen

Erstaunlich einfach sind die Ableitungsregeln für die trigonometrischen Funktionen:

Satz 6.3.11: Für alle $x \in \mathbf{R}$ gelten $(\sin x)' = \cos x$ und $(\cos x)' = -\sin x$.

Beweis: Die Beweisidee ist ähnlich wie im Fall der Exponentialfunktion: Wir beweisen zuerst die Differenzierbarkeit an der Stelle $x = 0$ und nutzen für den allgemeinen Fall dann Additionstheoreme aus. Wir starten also mit der Hilfsformel

$$\lim_{x \to 0} \frac{\sin x}{x} = 1, \tag{*}$$

die wegen $\sin 0 = 0$ der Ableitung der Sinusfunktion an der Stelle $x = 0$ entspricht. Wegen $\dfrac{\sin(-x)}{-x} = \dfrac{\sin x}{x}$ genügt es, den Grenzwert für $x \downarrow 0$ zu berechnen. Aus 2.5.1c) folgt durch Umstellen $0 \le \cos x \le \dfrac{\sin x}{x} \le 1$ für $0 < x < \frac{\pi}{2}$, und nach dem Einschließungskriterium ergibt sich wegen $\cos x \to \cos 0 = 1$ für $x \to 0$ hieraus die Zwischenbehauptung (*). Im allgemeinen Fall seien nun $a, x \in \mathbf{R}$ gegeben. Wir setzen $h = \dfrac{x-a}{2}$ und $u = a + h$. Dann sind $u + h = x$ und $u - h = a$. Die Additionstheoreme aus 2.5.1 ergeben somit

$$\sin x - \sin a = \sin(u + h) - \sin(u - h) = 2 \cos u \cdot \sin h = 2 \cos(a + h) \cdot \sin h.$$

Hieraus folgt

$$\frac{\sin x - \sin a}{x - a} = 2\cos(a+h) \cdot \frac{\sin h}{2h} = \cos(a+h) \cdot \frac{\sin h}{h} \to \cos a \quad \text{für } h = \frac{x-a}{2} \to 0$$

wegen (*) und der Stetigkeit von $\cos x$. Die Formel $(\cos x)' = -\sin x$ kann analog hergeleitet werden. ∎

Satz 6.3.12: Für alle $x \in (-1, 1)$ gilt $(\arcsin x)' = \dfrac{1}{\sqrt{1-x^2}}$.

Beweis: Wir wenden die Regel für die Differentiation der Umkehrfunktion an. Die Funktion $x = g(y) = \sin y$ ist auf dem Intervall $(-\pi/2, \pi/2)$ die Umkehrfunktion zu $y = f(x) = \arcsin x$. Daher ist

$$(\arcsin x)' = f'(x) = \frac{1}{g'(f(x))} = \frac{1}{\cos(\arcsin x)}.$$

Wegen $\cos^2 u + \sin^2 u = 1$ und $\cos u > 0$ für $u \in (-\pi/2, \pi/2)$ gilt $\cos u = +\sqrt{1 - \sin^2 u}$. Folglich ist $\cos(\arcsin x) = \sqrt{1 - x^2}$. ∎

Aufgabe 6.3.13: Berechnen Sie die Ableitungen folgender Funktionen:

   a) $f(x) = \sin(2x^2 + 1)$,   b) $f(x) = x^2\,\mathrm{e}^{2x}$,   c) $f(x) = \mathrm{e}^{\sin x}$.

Aufgabe 6.3.14: Leiten Sie durch Differentiation der für alle $|x| < 1$ gültigen Gleichung

$$\frac{1}{1-x} = \sum_{k=0}^{\infty} x^k \quad \text{die Formel} \quad \sum_{k=1}^{\infty} k \cdot 2^{-k} = 2 \text{ her!}$$

Aufgabe 6.3.15: Leiten Sie die Formel $(\cos x)' = -\sin x$ durch Differentiation der Identität $\sin^2 x + \cos^2 x = 1$ her! (Hierbei wird die Differenzierbarkeit der Funktion $\cos x$ vorausgesetzt!)

Aufgabe 6.3.16: Zeigen Sie $(\tan x)' = 1 + \tan^2 x = \dfrac{1}{\cos^2 x}$!

(Hinweis: Verwenden Sie die Definition von $\tan x$ und die Quotientenregel.)

Aufgabe 6.3.17: Zeigen Sie $(\arctan x)' = \dfrac{1}{1 + x^2}$ für alle $x \in \mathbf{R}$!

Aufgabe 6.3.18: Zeichnen Sie den Graphen der Funktion

$$f(x) = \begin{cases} x^2 \cdot \sin \dfrac{1}{x} & \text{für} \quad x \neq 0, \\[2mm] 0 & \text{für} \quad x = 0. \end{cases}$$

Zeigen Sie, daß f' überall existiert, aber nicht überall stetig ist!

Aufgabe 6.3.19: Am Ende des Abschnittes 2.3 wurden die hyperbolischen Funktionen $\sinh x = \dfrac{\mathrm{e}^x - \mathrm{e}^{-x}}{2}$ und $\cosh x = \dfrac{\mathrm{e}^x + \mathrm{e}^{-x}}{2}$ für $x \in \mathbf{R}$ eingeführt. Beweisen Sie die Formeln

   $(\sinh x)' = \cosh x$ und $(\cosh x)' = +\sinh x$ für alle $x \in \mathbf{R}$!

Aufgabe 6.3.20: Die Funktion $\sinh : \mathbf{R} \to \mathbf{R}$ ist streng monoton wachsend (vgl. 2.3.9), ihre Umkehrfunktion heißt *Area Sinus hyperbolicus* und wird durch arsinh bezeichnet. Es gilt also

   $y = \operatorname{arsinh} x \Leftrightarrow x = \sinh y$.

Beweisen Sie die folgende Formel, und vergleichen Sie sie mit der Ableitungsformel für die Funktion arcsin x:

$$(\operatorname{arsinh} x)' = \frac{1}{\sqrt{1 + x^2}} \text{ für alle } x \in \mathbf{R}.$$

6.4 Mittelwertsätze der Differentialrechnung

Die Mittelwertsätze der Differentialrechnung sind das wichtigste Werkzeug, um aus Eigenschaften der Ableitung auf die Funktion selbst zurückzuschließen. Sie erlauben es nämlich, Funktionswertdifferenzen durch Ableitungen auszudrücken. Vorläufer und Spezialfall ist der

Satz 6.4.1 (Satz von M. ROLLE (1652-1719)): Ist f auf $[a, b]$ stetig, in (a, b) differenzierbar und gilt $f(a) = f(b) = 0$, so existiert (mindestens) eine Zahl $\xi \in (a, b)$ mit $f'(\xi) = 0$.

Beweis: Nach dem Satz vom Minimum und Maximum existieren Zahlen $u, v \in [a, b]$ mit $f(u) \leq f(x) \leq f(v)$ für alle $x \in [a, b]$. Im Fall $f(v) > 0$ gilt sicher $v \in (a, b)$, und nach Konstruktion von v ist

$$\frac{f(v+h) - f(v)}{h} \begin{cases} \leq 0 \text{ für } h > 0, \\ \geq 0 \text{ für } h < 0. \end{cases}$$

Hieraus folgt aber durch Grenzübergang $h \downarrow 0$ bzw. $h \uparrow 0$ die Gleichheit

$$f'(v) = \lim_{h \to 0} \frac{f(v+h) - f(v)}{h} = 0.$$

Daher löst $\xi = v$ das Problem. Im Fall $f(v) = 0$ und $f(u) < 0$ zeigt man analog $f'(u) = 0$. Ist aber $f(v) = f(u) = 0$, so ist $f \equiv 0$, und damit ist jedes $\xi \in (a, b)$ geeignet. ∎

Satz 6.4.2 (Mittelwertsatz): Es sei f stetig auf $[a, b]$ und differenzierbar in (a, b). Dann existiert eine Zahl $\xi \in (a, b)$ mit $f'(\xi) = \dfrac{f(b) - f(a)}{b - a}$.

Beweis: Die Gleichung der Sekante durch die Punkte $P_1 = (a, f(a))$ und $P_2 = (b, f(b))$ ist durch

$$g(x) = \frac{f(b) - f(a)}{b - a}(x - a) + f(a)$$

gegeben. Die Differenzfunktion $h(x) = f(x) - g(x)$ erfüllt aber nun die Voraussetzungen des Satzes von Rolle. Daher existiert ein $\xi \in (a, b)$ mit

$$0 = h'(\xi) = f'(\xi) - g'(\xi) = f'(\xi) - \frac{f(b) - f(a)}{b - a}.$$

Umstellen der Gleichung nach $f'(\xi)$ ergibt die Behauptung. ∎

Folgerung 6.4.3: Gilt $f' \equiv 0$ auf einem Intervall (c, d), so ist $f \equiv$ const auf (c, d).

Beweis: Gäbe es zwei Zahlen $a < b$ im Intervall (c, d) mit $f(a) \neq f(b)$, so gäbe es nach dem Mittelwertsatz ein $\xi \in (a, b)$ mit $f'(\xi) \neq 0$ im Widerspruch zur Voraussetzung. ∎

Aufgaben und Anwendungen

Der Mittelwertsatz der Differentialrechnung ist leider nicht konstruktiv, da er sich auf den Satz vom Maximum und Minimum stützt. Trotz der Unbestimmtheit der Lage von ξ ermöglicht er dennoch sehr weitgehende Anwendungen. Einige wollen wir hier besprechen.

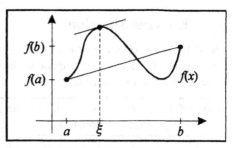

Fig. 6.4.1: Der Mittelwertsatz

Aufgabe 6.4.4: Man beweise: Gilt $f' \geq 0$ auf einem Intervall (c, d), so ist f auf diesem Intervall monoton wachsend. Gilt sogar $f'(x) > 0$ für alle $x \in (c, d)$, so ist f sogar streng monoton wachsend. (Hinweis: Benutzen Sie die Idee des Beweises zu 6.4.3!)

Aufgabe 6.4.5: Beweisen Sie den **Verallgemeinerten Mittelwertsatz**: Es seien f und g auf $[a, b]$ stetig und in (a, b) differenzierbar, und es sei $g'(x) \neq 0$ für alle $x \in (a, b)$. Dann existiert eine Zahl $\xi \in (a, b)$ mit

$$\frac{f'(\xi)}{g'(\xi)} = \frac{f(b) - f(a)}{g(b) - g(a)} .$$

(Hinweis: Zum Beweis können Sie den gewöhnlichen Mittelwertsatz auf die Funktion

$$p(x) = f(x) - \frac{f(b) - f(a)}{g(b) - g(a)} g(x)$$ anwenden und dabei $p(a) = p(b)$ benutzen.)

Aufgabe 6.4.6: Beweisen Sie mit dem verallgemeinerten Mittelwertsatz:

> **Regel von Bernoulli-de l'Hospital[1]:** Es seien f und g zwei Funktionen, die in einem geeigneten Intervall $(x_0 - \delta, x_0 + \delta)$ um den Punkt x_0 differenzierbar sind, und es sei $f(x_0) = g(x_0) = 0$. Dann gilt $\lim\limits_{x \to x_0} \dfrac{f(x)}{g(x)} = \lim\limits_{x \to x_0} \dfrac{f'(x)}{g'(x)}$, falls der rechts stehende Grenzwert existiert.

Beispiel 6.4.7: Wir benutzen die Regel zur Berechnung von $\lim\limits_{x \to 0} \dfrac{x^2}{e^x - 1}$. Es ist

$$\lim_{x \to 0} \frac{x^2}{e^x - 1} = \lim_{x \to 0} \frac{(x^2)'}{(e^x - 1)'} = \lim_{x \to 0} \frac{2x}{e^x} = \frac{0}{1} = 0 .$$

Aufgabe 6.4.8: Berechnen Sie mit obiger Regel, die auch für den Fall $x_0 = \infty$ gilt:

a) $\lim\limits_{x \to 0} \dfrac{\sin x^2}{x}$, b) $\lim\limits_{x \to 0} \dfrac{\cos x - 1}{x^2}$, c) $\lim\limits_{x \to \infty} \dfrac{x^2}{e^x}$, d) $\lim\limits_{x \to \infty} \dfrac{\ln x}{x}$.

---

[1] JOHANN BERNOULLI (vgl. S. 10), GUILLAUME FRANCOIS ANTOINE DE L'HOSPITAL (1661-1704), Paris.

6.5   Kurvendiskussion

Die Differentialrechnung ist ein unverzichtbares Hilfsmittel für die Analyse von Funktionsgraphen. Wir stellen im folgenden die wichtigsten Werkzeuge zusammen. Aus Aufgabe 6.4.4 wissen wir bereits:

Satz 6.5.1: Gilt $f'(x) \geq 0$ für alle $x \in (a, b)$, so ist f auf (a, b) monoton wachsend. Gilt sogar $f'(x) > 0$, so ist f auf (a, b) streng monoton wachsend.

Von besonderer theoretischer und praktischer Bedeutung ist das Auffinden lokaler und globaler Maxima und Minima. Hierunter verstehen wir folgendes:

Definition 6.5.2: Es sei f eine reelle Funktion, und es sei $x_0 \in \mathbf{D}(f)$ fixiert. Dann hat f bei x_0 ein *lokales Maximum*, falls ein Intervall $(x_0 - \delta, x_0 + \delta)$ so existiert, daß für alle $x \in (x_0 - \delta, x_0 + \delta) \cap \mathbf{D}(f)$ die Ungleichung $f(x) \leq f(x_0)$ erfüllt ist. Gilt dabei sogar $f(x) < f(x_0)$ für alle $x \neq x_0$, so hat f bei x_0 ein *eigentliches lokales Maximum*. Analog definiert man *lokale Minima*. Der Oberbegriff ist der *lokale Extremwert*.

Durch Wiederholung der Idee zum Beweis des Satzes von Rolle in 6.4.1 ergibt sich:

Satz 6.5.3 (Notwendiges Kriterium für Extremwerte): Ist f bei x_0 differenzierbar und hat f bei x_0 einen lokalen Extremwert, so gilt $f'(x_0) = 0$.

Beweis: Hat f bei x_0 ein lokales Maximum, so ist $\dfrac{f(x_0 + h) - f(x_0)}{h} \begin{cases} \leq 0 \text{ für } h > 0, \\ \geq 0 \text{ für } h < 0. \end{cases}$
Durch Grenzübergang $h \downarrow 0$ bzw. $h \uparrow 0$ folgt $f'(x_0) = 0$. Entsprechend für Minima.   ∎

Nullstellen der Ableitung liefern umgekehrt aber nicht immer Extremwerte, wie man sich am Beispiel der Funktion $f(x) = x^3$ klarmacht: Es gilt zwar $f'(0) = 0$, aber f hat bei 0 keinen Extremwert. Man benötigt also zusätzliche Voraussetzungen:

Satz 6.5.4 (Erstes Hauptkriterium für Extremwerte): Die reelle Funktion f sei in einem Intervall $(x_0 - \delta, x_0 + \delta)$ differenzierbar, und es gelte $f'(x_0) = 0$. Gilt dann zusätzlich $f'(x_0 - h) < 0 < f'(x_0 + h)$ für alle $0 < h < \delta$, so hat f bei x_0 ein eigentliches lokales Minimum. Im Fall $f'(x_0 - h) > 0 > f'(x_0 + h)$ für alle $0 < h < \delta$ hat f bei x_0 ein eigentliches lokales Maximum.

Beweis: Wir wollen $f(x_0 + h) > f(x_0)$ für alle h mit $0 < h < \delta$ zeigen. Wäre dem nicht so, dann gäbe es ein $h > 0$ mit $f(x_0 + h) - f(x_0) \leq 0$. Nach dem Mittelwertsatz gäbe es dann aber eine Zahl $\xi \in (x_0, x_0 + h)$ mit $f'(\xi) \leq 0$ im Widerspruch zur Voraussetzung über f'. Analog zeigt man $f(x_0 - h) > f(x_0)$ für alle h mit $0 < h < \delta$.   ∎

Aufgaben und Anwendungen

Aufgabe 6.5.5: Ermitteln Sie mit dem Kriterium 6.5.1 die Monotonieintervalle für die Funktion $f(x) = 2x^3 - 6x^2 - 18x + 4$ und skizzieren Sie die Graphen von f und f' in demselben Koordinatensystem!

Aufgabe 6.5.6: Bestimmen Sie die lokalen Extrema der Funktion

$$f(x) = 2x^3 - 3x^2 - 12x !$$

Beispiel 6.5.7: Wir führen eine Kurvendiskussion für die Funktion $f(x) = x \cdot e^{-x^2}$ in den folgenden Etappen durch:

Definitionsbereich: Offenbar ist $\mathbf{D}(f) = \mathbf{R}$.

Nullstellen : Die einzige Nullstelle ist $x = 0$.

Extremwerte : Wir bestimmen die Nullstellen der Ableitung. Es ist

$$f'(x) = (xe^{-x^2})' = 1 \cdot e^{-x^2} + xe^{-x^2}(-2x) = e^{-x^2}(1 - 2x^2),$$

und diese Funktion hat ihre Nullstellen bei $x_{1,2} = \pm\sqrt{\frac{1}{2}}$. Diese beiden Stellen sind also potentielle Kandidaten für Extremwerte. Wir wenden das erste Hauptkriterium zur endgültigen Entscheidung an: Die Funktion $(1 - 2x^2)$ und damit auch $f'(x)$ wechseln beim Durchgang durch $x_1 = +\sqrt{\frac{1}{2}}$ ihr Vorzeichen vom Positiven zum Negativen. Also hat f dort ein eigentliches Maximum. Entsprechend hat f bei $x_2 = -\sqrt{\frac{1}{2}}$ ein eigentliches Minimum. Das folgt auch daraus, daß f eine ungerade Funktion ist und ihr Graph daher symmetrisch zum Koordinatenursprung liegt.

Grenzwerte für $x \to \pm\infty$: Man erhält $\lim\limits_{x \to \pm\infty} \dfrac{x}{e^{x^2}} = 0$ leicht durch Anwendung der Regel von Bernoulli-de l'Hospital. Damit ist der Kurvenverlauf qualitativ aufgeklärt.

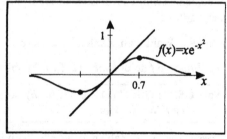

Fig. 6.5.1: Der Graph der Funktion

Aufgabe 6.5.8: Führen Sie eine Kurvendiskussion für die Funktion $f(x) = \dfrac{x}{1 + x^2}$ aus und zeichnen Sie den Graphen!

Wir wollen ein weiteres Kriterium zur Bestimmung von Extremwerten herleiten. Der
erste Fall in Satz 6.5.4 tritt sicher dann ein, wenn f' bei x_0 eine Nullstelle hat und
streng monoton wachsend ist. Letzteres könnte nach Satz 6.5.1 aber an der *Ableitung
von* f' abgelesen werden: Sie müßte positiv sein. Das motiviert die Einführung *höherer
Ableitungen* durch rekursive Definition:

Definition 6.5.9: Unter der $(n + 1)$-ten Ableitung einer Funktion f versteht man im
Fall der Existenz die Ableitung der n-ten Ableitung von f, also
$f^{(n+1)} = (f^{(n)})'$. Für $n = 0$ setzt man $f^{(0)} = f$, und für $n = 1,\dots,4$ schreibt
man auch f', f'', f''', f^{iv} anstelle von $f^{(n)}$.

Satz 6.5.10 (Zweites Hauptkriterium für Extremwerte): Die reelle Funktion f sei bei x_0
zweimal differenzierbar, und es gelte $f'(x_0) = 0$ und $f''(x_0) \neq 0$. Dann hat f
bei x_0 ein eigentliches lokales Extremum.

Beweis: Die Existenz der zweiten Ableitung setzt voraus, daß f' auf einem kleinen Intervall um x_0 existiert. Ist nun $f''(x_0) > 0$, so muß nach Definition von f'' ein Intervall
$(x_0 - \delta, x_0 + \delta)$ so existieren, daß dort $\dfrac{f'(x_0 \pm h) - f'(x_0)}{\pm h} > 0$ für alle $0 < h < \delta$ gilt.
Somit ist $f'(x_0 - h) < f'(x_0) = 0 < f'(x_0 + h)$, und f hat nach 6.5.4 bei x_0 ein eigentliches
lokales Minimum. Im Fall $f''(x_0) < 0$ schließt man analog auf ein Maximum. ∎

Geometrisch läßt sich die 2. Ableitung mit der *Krümmung* des Funktionsgraphen in
Verbindung bringen: Eine Funktion f heißt *konvex* auf dem Intervall (a, b), wenn jeder
Sekantenabschnitt in diesem Intervall oberhalb des Funktionsgraphen liegt. Analytisch
ausgedrückt:
Für jede Wahl von Zahlen $a < u < x < v < b$ gilt $f(x) \leq \dfrac{f(v) - f(u)}{v - u}(x - u) + f(u)$.
Die Funktion f heißt *konkav* auf (a, b), falls $-f$ dort konvex ist.

Satz 6.5.11: Gilt $f''(x) > 0$ auf (a, b), so ist f dort konvex. Gilt $f''(x) < 0$ auf (a, b), so
ist f dort konkav.

Beweis: Es seien Zahlen $a<u<x<v<b$ fixiert. Wendet man den Mittelwertsatz auf die
Funktion f auf den Intervallen $[u,x]$ und $[x, v]$ an, so erhält man Zahlen $u<\xi<x<\eta<v$ mit
$$\frac{f(x) - f(u)}{x - u} = f'(\xi) \quad \text{und} \quad \frac{f(v) - f(x)}{v - x} = f'(\eta).$$
Im Fall $f'' > 0$ ist f' monoton wachsend. Es gilt also $f'(\xi) < f'(\eta)$. Folglich gilt auch
$$\frac{f(x) - f(u)}{x - u} < \frac{f(v) - f(x)}{v - x},$$
und hieraus ergibt sich durch sorgfältiges Umstellen die obige Konvexitätsbedingung. ∎

Aufgaben und Ergänzungen

Beispiel 6.5.12: Nebenstehende Abbildung veranschaulicht konvexe und konkave Funktionsverläufe. Natürlich gibt es auch nichtdifferenzierbare konvexe Funktionen; die Funktion $f(x) = |x|$ ist ein Beispiel dafür. Doch falls die zu untersuchende Funktion zweimal differenzierbar ist, so hat man mit dem Satz 6.5.11 ein sehr einfaches Testverfahren!

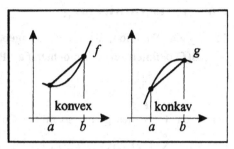

Fig. 6.5.2: Zur Konvexität

Aufgabe 6.5.13: Bestimmen Sie mit dem zweiten Hauptkriterium die Extremwerte der Funktion $f(x) = 2x^3 + 3x^2 - 12x - 6$!

Aufgabe 6.5.14: Zeigen Sie, daß die Funktion $f(x) = x^4 + 6x^2 - 3$ auf **R** konvex ist!

Aufgabe 6.5.15: Bestimmen Sie die Konvexitätsintervalle der Funktion $f(x) = \sin x$ und vergleichen Sie das Ergebnis mit der graphischen Darstellung der Funktion !

Aufgabe 6.5.16: Führen Sie eine Kurvendiskussion mit Ermittlung der Konvexitätsintervalle für die Gaußsche *Glockenkurve*

$$f(x) = \frac{1}{\sqrt{2\pi}} e^{-\frac{x^2}{2}} \text{ für } x \in \mathbf{R}$$

aus. Punkte, in denen Konvexität in Konkavität (oder umgekehrt) umschlägt, heißen *Wendepunkte* des Graphen. Wo liegen die Wendepunkte der Glockenkurve?

Aufgabe 6.5.17: Bestimmen Sie die höheren Ableitungen der Funktion $f(x) = \sin x$, und finden Sie allgemeine Formeln für $f^{(2n)}$ und $f^{(2n+1)}$!

Aufgabe 6.5.18: Zeigen Sie: Ist f eine ganzrationale Funktion vom Grad n, so ist $f^{(n+1)} \equiv 0$!

Beispiel 6.5.19: Wir betrachten die Funktion $f(x) = x^4$. Diese hat bei $x_0 = 0$ offensichtlich ein absolutes Minimum, das aber vom zweiten Hauptkriterium nicht angezeigt wird, denn im vorliegenden Fall ist $f''(x_0) = 0$. Das zweite Hauptkriterium ist also nur hinreichend, jedoch nicht notwendig. Allerdings läßt sich das Kriterium noch etwas verbessern. Man kann nämlich (mittels Taylorformel) folgendes beweisen:

Ist f bei x_0 $(2n)$-mal differenzierbar, gilt $f^{(k)}(x_0) = 0$ für alle $1 \leq k \leq 2n - 1$ und ist $f^{(2n)}(x_0) \neq 0$, so hat f bei x_0 ein lokales Extremum.

Dieses Kriterium erfaßt nun alle Funktionen der Form $f(x) = x^{2n}$ mit $n \in \mathbf{N}$. Es gibt aber erstaunliche Funktionen, deren *sämtliche* Ableitungen bei $x_0 = 0$ Null sind und die dennoch ein *eigentliches* Minimum bei x_0 haben. Ein Beispiel ist die Funktion

$f(x) = e^{-1/x^2}$ für $x \neq 0$ und mit $f(0) = 0$. Zeichnen Sie den Graphen!

6.6   Taylorentwicklung

Es sei f eine Funktion, die in einer Umgebung $U_\delta(x_0) = (x_0 - \delta, x_0 + \delta)$ eines Punktes $x_0 \in \mathbf{D}(f)$ definiert sei. Wir möchten f als Potenzreihe der Form

$$f(x) = \sum_{k=0}^{\infty} a_k (x - x_0)^k$$

darstellen. Falls dies ginge, so müßte f beliebig oft differenzierbar sein, und es wäre

$$f^{(l)}(x) = \sum_{k=l}^{\infty} k \cdot (k-1) \cdot \ldots \cdot (k-l+1) \cdot a_k (x - x_0)^{k-l} \quad \text{nach Satz 6.2.13. Für } x = x_0 \text{ folgt}$$

$f^{(l)}(x_0) = l!\, a_l$, und durch Umstellen erhält man eine Formel zur Berechnung der a_k:

$$a_k = \frac{f^{(k)}(x_0)}{k!}. \qquad\qquad \text{(Taylorkoeffizienten) } (\ast)$$

Dies motiviert den folgenden Ansatz: Es sei f eine beliebige Funktion, die auf einem gegebenen Intervall $(x_0 - \delta, x_0 + \delta)$ n-mal differenzierbar sei. Die nach der Formel $(\ast)$ gebildeten Zahlen a_k heißen die *Taylorkoeffizienten von f bei x_0*, und die Funktionen

$$P_n(x) = P_n(x_0, x) = \sum_{k=0}^{n} \frac{f^{(k)}(x_0)}{k!}(x - x_0)^k \quad \text{und} \quad R_{n+1}(x_0, x) = f(x) - P_n(x)$$

heißen das *Taylorpolynom der Ordnung n* bzw. *Restglied der Ordnung (n+1)* von f an der Stelle x_0. Nach Definition dieser Funktionen gilt dann

$$f(x) = P_n(x) + R_{n+1}(x_0, x) = \sum_{k=0}^{n} \frac{f^{(k)}(x_0)}{k!}(x - x_0)^k + R_{n+1}(x_0, x).$$

Das Restglied gibt also den Approximationsfehler an. Wie läßt es sich erfassen?

Satz 6.6.1 (Satz von TAYLOR[1]): Es sei f in $(x_0 - \delta, x_0 + \delta)$ $(n$+1$)$-mal differenzierbar. Dann existiert zu jedem $x \in (x_0 - \delta, x_0 + \delta)$ eine Zahl ξ zwischen x und x_0 mit

$$R_{n+1}(x_0, x) = \frac{f^{(n+1)}(\xi)}{(n+1)!}(x - x_0)^{n+1}. \qquad \text{(Restgliedformel von LAGRANGE[2])}$$

Beweis: Wir variieren x_0 und setzen $F(t) = R_{n+1}(t, x) = f(x) - P_n(t, x)$ und $G(t) = (x-t)^{n+1}$. Dann sind $F(x) = G(x) = 0$, $F(x_0) = R_{n+1}(x_0, x)$ und $G(x_0) = (x-x_0)^{n+1}$. Mit etwas Mühe erhält man weiter $F'(t) = -P_n'(t, x) = f^{(n+1)}(t)\,(x - t)^n/n!$. Nach dem verallgemeinerten Mittelwertsatz existiert nun eine Stelle ξ zwischen x und x_0 mit

$$\frac{R_{n+1}(x_0, x)}{(x - x_0)^{n+1}} = \frac{F(x_0)}{G(x_0)} = \frac{F(x_0) - F(x)}{G(x_0) - G(x)} = \frac{F'(\xi)}{G'(\xi)} = \frac{-f^{(n+1)}(\xi)(x - \xi)^n}{-n!(n+1)(x - \xi)^n} = \frac{f^{(n+1)}(\xi)}{(n+1)!},$$

und hieraus folgt die Behauptung des Satzes durch Umstellen nach $R_{n+1}(x_0, x)$. ∎

Anwendungen und Aufgaben

Beispiel 6.6.2: Der Satz von Taylor stellt ein sehr leistungsfähiges Instrument zur Berechnung der Funktionswerte elementarer Funktionen dar. Wir demonstrieren das am Beispiel der Sinusfunktion: Wir wollen für die Funktion $f(x) = \sin x$ eine Wertetabelle für $x = 0,\dots, 1$ mit Schrittweite 0.1 und Fehler $\leq 10^{-2}$ aufstellen. Wir setzen $x_0 = 0$ und berechnen die Taylorkoeffizienten. Es sind $f(x) = \sin x$, $f'(x) = \cos x$, $f''(x) = -\sin x$, $f'''(x) = -\cos x$, $f^{iv}(x) = f(x)$ usw. Mit $x_0 = 0$ ergibt

sich $a_{2k} = 0$ und $a_{2k+1} = \dfrac{(-1)^k}{(2k+1)!}$ für alle $k \in \mathbb{N}$ nach (*). Wählt man in Satz

6.6.1 $n = 4$, so folgt $\sin x = x - \dfrac{x^3}{3!} + R_5(0, x)$ mit $R_5(0, x) = \dfrac{\cos \xi}{5!} x^5$. Der Maximalfehler für $x \in [0, 1]$ läßt sich daher folgendermaßen abschätzen:

$$\left| \sin x - (x - \frac{x^3}{3!}) \right| = \left| R_5(0,x) \right| = \left| \frac{\cos \xi}{5!} x^5 \right| \leq \frac{1}{5!} = \frac{1}{120} < 10^{-2} \ .$$

Damit ist die gewünschte Genauigkeit erreicht. Symbolisch könnten wir dafür

$\sin x \approx x - \dfrac{x^3}{3!} \pm 10^{-2}$ schreiben. Hiermit ergibt sich die gewünschte Tabelle:

x	0	0.1	0.2	0.3	0.4	0.5	0.6	0.7	0.8	0.9	1.0
$\sin x$	0	0.10	0.20	0.29	0.39	0.48	0.56	0.64	0.71	0.78	0.83

Will man eine höhere Genauigkeit erzielen, so muß man n so groß wählen, daß $\left| R_{n+1}(0,x) \right| \leq$ "zugelassener Fehler" ausfällt.

Aufgabe 6.6.3: Bestimmen Sie eine Wertetabelle für die Funktion $f(x) = e^x$ im Intervall $[-0.5, 0.5]$ mit Schrittweite 0.1 und Fehler $\leq 10^{-3}$!

Aufgabe 6.6.4: Ergänzen Sie folgende Tabelle!

$f(x)$	Näherungspolynom	Fehlerordnung
$\sin x$	x	$\lvert x^3 \rvert$
$\sin x$	$x - \frac{x^3}{3!}$	$\lvert x^5 \rvert$
e^x	?	$\lvert x^3 \rvert$
$\ln(1 + x)$	?	$\lvert x^3 \rvert$
$\sqrt{1+x}$	?	$\lvert x^2 \rvert$

---

[1] Brook Taylor (1685-1731), Privatgelehrter in London.
[2] Joseph Louis Lagrange (1736-1813), Professor in Turin, Berlin, Paris.

Wir können nun unsere eingangs gestellte Aufgabe, eine gegebene Funktion in eine Potenzreihe zu entwickeln, lösen. Nach Definition des Restgliedes gilt nämlich:

Satz 6.6.5 (Entwicklungssatz): Es sei f auf einem Intervall $(x_0 - \delta, x_0 + \delta)$ beliebig oft differenzierbar, und es sei $x \in (x_0 - \delta, x_0 + \delta)$ fixiert. Dann gilt

$$f(x) = \sum_{k=0}^{\infty} \frac{f^{(k)}(x_0)}{k!}(x - x_0)^k \text{ genau dann, wenn } \lim_{n \to \infty} R_{n+1}(x_0, x) = 0 \text{ ist.}$$

Zur Überprüfung der Bedingung $\lim_{n \to \infty} R_{n+1}(x_0, x) = 0$ benutzen wir die Restgliedformel aus Satz 6.6.1. Damit haben wir ein praktisches Kriterium gewonnen! Wir wollen dies sogleich auf einige elementare Funktionen anwenden.

Folgerung 6.6.6: Es gelten:

a) $\sin x = \displaystyle\sum_{k=0}^{\infty} \frac{(-1)^k}{(2k+1)!} x^{2k+1}$ für alle $x \in \mathbf{R}$,

b) $\cos x = \displaystyle\sum_{k=0}^{\infty} \frac{(-1)^k}{(2k)!} x^{2k}$ für alle $x \in \mathbf{R}$,

c) $e^x = \displaystyle\sum_{k=0}^{\infty} \frac{1}{k!} x^k$ für alle $x \in \mathbf{R}$,

d) $\ln(1+x) = \displaystyle\sum_{k=0}^{\infty} \frac{(-1)^k}{k+1} x^{k+1}$ für alle $x \in (-1, 1)$,

e) $\arctan x = \displaystyle\sum_{k=0}^{\infty} \frac{(-1)^k}{2k+1} x^{2k+1}$ für alle $x \in (-1, 1)$,

f) $(1+x)^\alpha = \displaystyle\sum_{k=0}^{\infty} \binom{\alpha}{k} x^k$ für alle $x \in (-1, 1)$ und alle $\alpha \in \mathbf{R}$.

Beweis: Zu a): In Beispiel 6.6.2 haben wir bereits die Taylorkoeffizienten und das Restglied für die Funktion $f(x) = \sin x$ bei $x_0 = 0$ berechnet. Berücksichtigt man noch

$|\sin \xi| \le 1$ und $|\cos \xi| \le 1$, so erhält man für alle $x \in \mathbf{R}$ die Aussage $\left| R_n(0, x) \right| \le \left| \dfrac{x^n}{n!} \right|$.

Der rechts stehende Ausdruck strebt nach 3.2.8c) aber für $n \to \infty$ gegen Null. Bezüglich der Formeln b) - e) verweisen wir auf die nachfolgenden Aufgaben. Den schwierigeren Beweis zu Formel f) wollen wir übergehen. Die Formel sollte als Verallgemeinerung der binomischen Formeln auf nichtganzzahlige Exponenten α aber erwähnt werden.   ∎

Aufgaben und Anwendungen

Aufgabe 6.6.7 (Geometrische Veranschaulichung): Zeichnen Sie die Sinusfunktion und ihr Taylorpolynom der Ordnung 5 zum Entwicklungspunkt $x_0 = 0$ und betrachten Sie, wie gut das Polynom die Sinuskurve approximiert!

Aufgabe 6.6.8: Beweisen Sie die Formeln b) und c) aus 6.6.6 durch Bestimmung der Taylorkoeffizienten und Restgliedabschätzung! (Die Formel c) ist uns natürlich bereits aus Abschnitt 4.4 bekannt, die Taylorentwicklung liefert somit einen zweiten Beweis.)

Beispiel 6.6.9: Die Formel d) könnte auf analoge Weise bewiesen werden. Wir benutzen jedoch eine alternative Technik, die in diesem Fall fast mühelos zum Erfolg führt: Die Ableitung von $\ln(1+x)$ ist nämlich $\dfrac{1}{1+x}$, und für diese Funktion ist eine Reihendarstellung bekannt, nämlich die geometrische Reihe. Folglich ist

$$(\ln(1+x))' = \frac{1}{1+x} = \frac{1}{1-(-x)} = \sum_{k=0}^{\infty}(-x)^k = \sum_{k=0}^{\infty}(-1)^k x^k = \left(\sum_{k=0}^{\infty}\frac{(-1)^k}{k+1}x^{k+1}\right)'.$$

Nach 6.4.3 muß dann aber $\ln(1+x) = \sum_{k=0}^{\infty}\dfrac{(-1)^k}{k+1}x^{k+1} + c$ mit einer Konstanten c auf dem Konvergenzbereich der Reihe gelten. Zur Bestimmung der Konstanten c setzen wir $x = 0$ und erhalten $0 = \ln(1+0) = 0 + c$. Also ist $c = 0$.

Aufgabe 6.6.10: Behandeln Sie die Formel e) analog zum Beispiel 6.6.9 unter Beachtung von $(\arctan x)' = \dfrac{1}{1+x^2}$.

Die Zahl π kann nun berechnet werden, es ist $\pi \approx 3.1416 \pm 10^{-4}$:

Wir benutzen die Formel e). Zwar ist $\arctan 1 = \dfrac{\pi}{4}$, jedoch darf in Formel e) nicht ohne weiteres $x = 1$ gesetzt werden. Unter Verwendung der Doppelwinkelformel $\tan 2\alpha = \dfrac{2\tan\alpha}{1-\tan^2\alpha}$ erhält man mit $\alpha = \dfrac{\pi}{8}$ aber $\tan\dfrac{\pi}{8} = \sqrt{2}-1$, und das liefert $\dfrac{\pi}{8} = \arctan(\sqrt{2}-1)$. Somit ist $\pi = 8 \cdot \arctan(\sqrt{2}-1)$, und mit $x = \sqrt{2}-1 < 1$ folgt aus e):

$$\pi = 8 \cdot \sum_{k=0}^{\infty}\frac{(-1)^{k+1}}{2k+1}(\sqrt{2}-1)^{2k+1} \approx 8 \cdot \sum_{k=0}^{9}\frac{(-1)^{k+1}}{2k+1}(\sqrt{2}-1)^{2k+1} \pm 10^{-4} = 3.1416 \pm 10^{-4}.$$

Warnung: Die Differenzierbarkeitsbedingung im Entwicklungssatz allein reicht nicht aus, um die Gleichheit zwischen Funktion und Reihe zu bekommen. Die aus Beispiel 6.5.19 bekannte Funktion $f(x) = e^{-1/x^2}$ für $x \neq 0$ und $f(0) = 0$ ist ein Gegenbeispiel: Alle Taylorkoeffizienten zu $x_0 = 0$ existieren und sind gleich 0, aber $f(x) \neq 0$ für $x \neq 0$!

6.7   Rundungsfehler und Fehlerfortpflanzung

Als weitere Anwendung der Differentialrechnung behandeln wir die praktisch bedeut-same Problematik der Rundungsfehler und ihrer Fortpflanzung. Rundungs- oder Nähe-rungsfehler sind aus zwei Gründen grundsätzlich nicht zu vermeiden. Erstens müssen wir zur Anwendung der Algorithmen der elementaren Arithmetik die irrationalen Zahlen durch rationale Zahlen - häufig in Gestalt von dezimalen Näherungen mit sehr begrenz-ter Stellenzahl - ersetzen, zweitens jedoch, und dies ist noch einschneidender, sind in physikalisch-technischen Anwendungen reelle Meßgrößen immer mit einem Meßfehler behaftet. Da sich diese Ungenauigkeiten also nicht vermeiden lassen, müssen sie wenig-stens kontrolliert und abgeschätzt werden. Wir wollen das Problem wegen seiner prakti-schen Relevanz ein wenig beleuchten, ohne in die Terminologie der mathematischen Statistik einzutauchen oder den Begriff des Fehlers genauer zu definieren. Betrachten wir ein Beispiel:

Beispiel 6.7.1: Gegeben sei der Radius $r_0 = 2,53 \pm 0,01$ cm eines Kreises. Wieviel Dezimalstellen im Produkt $A(r_0) = \pi \cdot r_0{}^2 = 20.10902...$ cm^2 sind „zuverlässig"? Auf wieviel Stellen ist das Ergebnis zu runden?

Wir untersuchen das Problem zunächst mit elementaren Mitteln. Für beliebiges r (in der "Nähe" von r_0) seien $\Delta r = |r - r_0|$ und $\Delta A(r) = |A(r) - A(r_0)|$ die zugehörigen Absolut-fehler. Dann ist

$$\Delta A(r) = |A(r_0 \pm \Delta r) - A(r_0)| = |\pi(r_0 \pm \Delta r)^2 - \pi r_0{}^2| = |\pi \cdot 2r_0 \cdot \Delta r \pm \pi \cdot (\Delta r)^2|,$$

und für $|\Delta r| \leq 0.01$ kann der Summand $\pi \cdot (\Delta r)^2$ gegen $\pi \cdot 2r_0 \cdot \Delta r$ vernachlässigt wer-den. Also ist $\Delta A(r) \approx 2\pi r_0 \cdot \Delta r \approx 16 \cdot \Delta r \approx 0.2$, und $A(r_0) = 20.1 \pm 0.2$ cm² ist die richti-ge Näherung. Wir haben im Vergleich mit r_0 sogar eine Dezimalstelle verloren.

Dieses elementare Vorgehen kann problemlos zur Abschätzung der Rundungsfehler bei den Grundrechenoperationen angewandt werden und führt zu den Resultaten der Aufga-be 6.7.3. Als sehr leistungsstarkes Werkzeug zur Untersuchung der Fehlerfortpflanzung erweist sich aber die Differentialrechnung. Präzisieren wir nochmals die

Fragestellung: Es sei x eine Näherung von x_0 mit dem Fehler $\Delta x = |x - x_0|$, und es sei f eine reelle Funktion der Variablen x. Was kann dann über den Fehler $\Delta f = |f(x) - f(x_0)|$ gesagt werden?

Für differenzierbare Funktionen haben wir derartige Probleme durch die Weierstraßsche Zerlegungsformel längst beantwortet. Auf die vorliegende Situation angepaßt, ergibt sich aus 6.1.3 das allgemeine *Fehlerfortpflanzungsgesetz:*

Satz 6.7.2: Ist f differenzierbar bei x_0 und gilt $\Delta x = |x - x_0|$, so ist

$$\Delta f(x_0) = |f(x) - f(x_0)| = |f'(x_0)| \cdot \Delta x + \text{"Fehler höherer Ordnung"}, \text{ also}$$

$$\Delta f(x_0) \approx |f'(x_0)| \cdot \Delta x.$$

Aufgaben

Aufgabe 6.7.3: Es seien $u \geq 0$ und $v \geq 0$ fehlerbehaftete Größen mit den Fehlern Δu und Δv. Beweisen Sie auf direktem Weg die Formeln:

---

a) Fehler der Summe: $\Delta(u \pm v) \leq \Delta u + \Delta v$ (Addition der Absolutfehler)

b) Fehler des Produkts: $\dfrac{\Delta(u \cdot v)}{|u \cdot v|} \leq \dfrac{\Delta u}{|u|} + \dfrac{\Delta v}{|v|}$ (Addition der Relativfehler)

Nebenstehende Abbildung macht auf geometrischem Weg deutlich, warum sich bei der Produktbildung $u \cdot v$ die Fehler nicht einfach multiplizieren: Der Flächenanteil $\Delta u \cdot \Delta v$ macht nämlich nur einen Bruchteil des gesamten Fehlers aus!

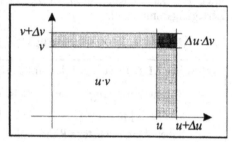

Fig. 6.7.1: Fehler beim Multiplizieren

Bemerkung 6.7.4: Manchmal kann die Genauigkeit bei der Fehlerfortpflanzung sogar besser werden. Ist nämlich f eine konstante Funktion, so gilt immer $\Delta f = 0$, unabhängig von dem Fehler Δx. Aber auch bei weniger trivialen Funktionen kann eine Verbesserung auftreten. Ein Beispiel dafür ist die folgende Aufgabe.

Aufgabe 6.7.5: Es sei $f(x) = \ln x$ und $x = 20 \pm 1$. Zeigen Sie $\Delta f = |f(x) - f(20)| \leq 0.1$!

Aufgabe 6.7.6: Beweisen Sie die Formeln:

---

a) $\Delta\left(\dfrac{1}{v}\right) \leq \dfrac{\Delta v}{v^2}$,   b) $\dfrac{\Delta(u/v)}{|u/v|} \leq \dfrac{\Delta u}{|u|} + \dfrac{\Delta v}{|v|}$.   (Addition der Relativfehler)

Aufgabe 6.7.7: Schätzen Sie den Fehler bei der Berechnung des Kugelvolumens $V(r) = \dfrac{4}{3}\pi r^3$ für $r = 2.0 \pm 0.1$ cm ab!

7   Integralrechnung

Die klassische Anwendung und historische Wurzel der Integralrechnung liegt in der
Berechnung von Flächen- und Rauminhalten und in der Konstruktion einer „Um-
kehroperation" zur Differentiation. Integrale sind aber darüber hinaus ein mächtiges
Werkzeug für viele andere Probleme. Exemplarisch seien ihre Anwendungen in der
Wahrscheinlichkeitsrechnung (als Erwartungswerte, Streuungen und Verteilungsfunk-
tionen) oder bei der Analyse und Synthese von Schwingungen (Fourier-Reihen) genannt.

Motiviert durch die Inhaltsproblematik, aber mit dem Ziel, nicht nur stetige Funktionen
integrieren zu können, führen wir das Integral nach einer Idee RIEMANNs[1] mit Hilfe von
Zerlegungssummen ein.

7.1   Das Riemannsche Integral

Definition 7.1.1: Es sei f auf dem Intervall $I = [a, b]$ definiert und beschränkt.

a) Eine *Zerlegung* Z von $[a, b]$ ist ein $(n+1)$-Tupel $Z = (x_0, \ldots, x_n)$ von Zahlen
$x_i \in [a, b]$ mit $a = x_0 < \ldots < x_n = b$. Die Intervalle $I_i = [x_{i-1}, x_i]$ für $i = 1, \ldots, n$
haben dann höchstens Randpunkte gemeinsam, ihre Vereinigung ist $[a, b]$.

b) Die *Unter- bzw. Obersumme* von f zur Zerlegung Z ist definiert durch

$$\underline{S}(f,Z) = \sum_{i=1}^{n} \underline{f}(I_i) \cdot |I_i| \quad \text{bzw.} \quad \overline{S}(f,Z) = \sum_{i=1}^{n} \overline{f}(I_i) \cdot |I_i|.$$

Dabei sind

$$|I_i| = x_i - x_{i-1} \text{ die Länge des Intervalls } I_i = [x_{i-1}, x_i], \text{ und}$$

$$\underline{f}(I_i) = \inf \{f(x) : x \in I_i\} \quad \text{bzw.} \quad \overline{f}(I_i) = \sup \{f(x) : x \in I_i\}.$$

c) Die *Darbouxsche[2] Untersumme bzw. Obersumme* von f sind

$$\underline{S}(f) = \sup \{ \underline{S}(f,Z) : Z \text{ ist eine Zerlegung von } [a, b]\} \text{ und}$$

$$\overline{S}(f) = \inf \{ \overline{S}(f,Z) : Z \text{ ist eine Zerlegung von } [a, b]\}.$$

d) Die Funktion f heißt *(Riemann-) integrierbar* auf $[a, b]$, falls $\underline{S}(f) = \overline{S}(f)$
gilt. In diesem Fall heißt diese Zahl das *(Riemann-) Integral* von f, in Zeichen

$$\int_a^b f(x)\, dx = \underline{S}(f) = \overline{S}(f).$$

---

[1] BERNHARD RIEMANN (1826-1866), Göttingen. Epochale Arbeiten zur Analysis, Geometrie, Zahlentheorie.
[2] GASTON DARBOUX (1842-1917), Paris. Bedeutende Arbeiten zur Differentialgeometrie.

Die nebenstehende Abbildung soll die Vor-
gehensweise illustrieren. Für eine nicht negative Funktion f können Ober- bzw. Untersumme zur Zerlegung Z als Flächeninhalt
der grau markierten Flächenstücke gedeutet
werden. Damit werden die Beziehungen zur
Flächenberechnung klar.

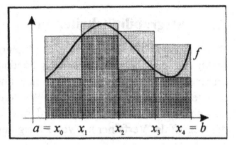

Fig. 7.1.1: Unter- und Obersummen

Historische Bemerkungen

Geschichtlich entspringt die Integralrechnung aus Bedürfnissen der Ermittlung von
Flächeninhalten, Volumina und Bogenlängen, und entsprechende Berechnungen sind
bereits aus den ältesten Kulturen bekannt (Ägypten, Babylon, China). Von alters her hat
man dabei die Ausmessung eines Flächenstückes auf die Konstruktion eines flächenglei-
chen Quadrates zurückgeführt, weshalb man die Verfahren zur Flächenberechnung auch
als *Quadratur* bezeichnete. In der hellenistischen Periode wurde mit der Schaffung einer
neuen geometrischen Größenlehre von EUDOXOS VON KNIDOS (400?-347? v.Chr.) ein
Hilfsmittel zur strengen Durchführung infinitesimaler Betrachtungen gefunden. Ihr
Kernstück ist die Exhaustionsmethode, worunter man die potentielle "Ausschöpfung"
der Fläche mit kleinen Dreiecken oder anderen elementaren Figuren versteht, ohne daß
jedoch wirklich zum Limes übergegangen wurde. Auf dieser Basis entwickelte AR-
CHIMEDES (287?-212 v.Chr.) zahlreiche geniale Methoden zur Bestimmung der Flächen-
und Rauminhalte klassischer Figuren (Parabel, Kreis, Kugel, Zylinder). Insbesondere
erhielt er in der Kreismessung die gute Näherung $3\frac{10}{71} < \pi < 3\frac{10}{70}$ durch Vergleich der
Flächeninhalte des Kreises mit ein- bzw. umbeschriebenen regelmäßigen 96-Ecken.

Die Neubegegnung mit dem antiken Wissen bringt in der Renaissance mit der Weiter-
entwicklung der Exhaustionsmethode durch Verwendung eines (wenn auch mystischen)
Limesbegriffs eine Fülle neuer Ergebnisse zur Inhaltslehre. Besonders einflußreich war
dabei CAVALIERI (1598?-1647). Der eigentliche Durchbruch wird aber erst durch die
Verbindung mit der Differentialrechnung durch BARROW (1630-1677), NEWTON und
LEIBNIZ erzielt. Damit konnten die zahlreichen Einzelergebnisse und Methoden Teil
einer geschlossenen Theorie werden (Hauptsatz der Differential- und Integralrechnung).
Die Leibnizsche Symbolik zur Bezeichnung des Integrals wird bis heute benutzt.

Wie bereits gesagt, geht die hier präsentierte Einführung des Integrals auf RIEMANN
zurück. Sie zeichnet sich durch klare Begriffsbildungen und hohe Verallgemeinerungs-
fähigkeit aus. Mit diesem Integral und seiner weiteren Ausdehnung durch LEBESGUE
(1875-1941) wurden der Integralrechnung weitere Anwendungen erschlossen, von denen exemplarisch nur die Differentialgeometrie, die Spektraltheorie und die Wahrscheinlichkeitsrechnung genannt seien. Die Darstellung des Lebesgueschen Integrals
übersteigt aber die Möglichkeiten dieses Buches.

7.2   Integrabilitätskriterien

Die bisherige Charakterisierung der Integrierbarkeit ist sehr plausibel, erweist sich für praktische Zwecke aber als schwer handhabbar, da die Berechnung der Darbouxschen Summen die Ermittlung von Suprema und Infima bezüglich einer unüberschaubaren Menge von Zerlegungen erfordert. Wir leiten hier Kriterien her, die „lediglich" die Untersuchung von Zahlenfolgen erfordern (Satz 7.2.4). Ein wichtiges Hilfsmittel ist dabei der Begriff der Verfeinerung von Zerlegungen.

Es seien Z und Z' zwei Zerlegungen von $[a, b]$. Wir sagen, daß Z' *feiner als* Z ist, wenn jeder Teilpunkt x_i von Z auch in Z' vorkommt. Mit diesem Begriff gilt nun:

Satz 7.2.1: Aus Z' feiner Z folgt $\underline{S}(f,Z) \leq \underline{S}(f,Z') \leq \overline{S}(f,Z') \leq \overline{S}(f,Z)$.

Beweis: Nach Voraussetzung zerfällt jedes Z-Intervall $I_i = [x_{i-1}, x_i]$ in eine Vereinigung $I_i = I'_{i,1} \cup \ldots \cup I'_{i,r_i}$ von Z'-Intervallen mit $|I_i| = |I'_{i,1}| + \ldots + |I'_{i,r_i}|$. Daher ist

$$\underline{f}(I_i) \cdot |I_i| \leq \sum_{k=1}^{r_i} \underline{f}(I'_{i,k}) \cdot |I'_{i,k}| \leq \sum_{k=1}^{r_i} \overline{f}(I'_{i,k}) \cdot |I'_{i,k}| \leq \overline{f}(I_i) \cdot |I_i|,$$

und durch Summation über i folgt die Behauptung.   ∎

Folgerung 7.2.2: Stets ist $\underline{S}(f) \leq \overline{S}(f)$.

Beweis: Sind Z und Z' zwei beliebige Zerlegungen von $[a, b]$, so bilde man die gemeinsame Verfeinerung Z^* dieser Zerlegungen durch Ineinanderfügen der beiden Ketten zu einer neuen Kette. Aus 7.2.1 folgt dann $\underline{S}(f,Z) \leq \underline{S}(f,Z^*) \leq \overline{S}(f,Z^*) \leq \overline{S}(f,Z')$. Also gilt $\underline{S}(f,Z) \leq \overline{S}(f,Z')$ für beliebige Zerlegungen Z und Z' von $[a, b]$. Der Übergang zum Supremum bzw. Infimum ergibt die Behauptung.   ∎

Satz 7.2.3 (Riemannsches Integrabilitätskriterium): Eine auf $[a, b]$ beschränkte Funktion f ist dort genau dann integrierbar, wenn zu jedem $\varepsilon > 0$ eine Zerlegung Z von $[a, b]$ mit $\overline{S}(f,Z) - \underline{S}(f,Z) < \varepsilon$ existiert.

Beweis: Aus der angegebenen Beziehung folgt $\overline{S}(f) - \underline{S}(f) \leq \overline{S}(f,Z) - \underline{S}(f,Z) < \varepsilon$. Für $\varepsilon \to 0$ folgt $\overline{S}(f) - \underline{S}(f) \leq 0$, und wegen 7.2.2 bedeutet dies $\overline{S}(f) = \underline{S}(f)$. Folglich ist f integrierbar. Zum Beweis der Umkehrung sei f integrierbar. Zu $\varepsilon > 0$ wählen wir Zerlegungen Z, Z' mit $\overline{S}(f,Z') - \overline{S}(f) < \frac{\varepsilon}{2}$ und $\underline{S}(f) - \underline{S}(f,Z) < \frac{\varepsilon}{2}$. Für die gemeinsame Verfeinerung Z^* von Z und Z' gilt dann wegen 7.2.1 und $\underline{S}(f) = \overline{S}(f)$ die gewünschte Abschätzung

$$\overline{S}(f,Z^*) - \underline{S}(f,Z^*) \leq \overline{S}(f,Z') - \underline{S}(f,Z) = \overline{S}(f,Z') - \overline{S}(f) + \underline{S}(f) - \underline{S}(f,Z) < \varepsilon. \quad ∎$$

Satz 7.2.4 (Hauptkriterium): Es sei f auf $[a, b]$ beschränkt. Falls eine Folge (Z_n) von Zerlegungen von $[a, b]$ mit $\lim\limits_{n\to\infty} \underline{S}(f, Z_n) = \lim\limits_{n\to\infty} \overline{S}(f, Z_n)$ existiert, so ist f auf $[a, b]$ integrierbar, und es gilt $\int\limits_a^b f(x)dx = \lim\limits_{n\to\infty} \underline{S}(f, Z_n) = \lim\limits_{n\to\infty} \overline{S}(f, Z_n)$.

Beweis: Aus 7.2.2 folgt $\underline{S}(f, Z_n) \leq \underline{S}(f) \leq \overline{S}(f) \leq \overline{S}(f, Z_n)$, und somit gilt

$$\lim_{n\to\infty} \underline{S}(f, Z_n) = \underline{S}(f) = \overline{S}(f) = \lim_{n\to\infty} \overline{S}(f, Z_n). \qquad \blacksquare$$

Anwendungen und Aufgaben

Die Berechnung von Integralen mit Hilfe des Hauptkriteriums hängt auch von dem Geschick ab, geeignete Zerlegungsfolgen zu finden. Häufig kommt man mit *äquidistanten* Zerlegungen zum Ziel: Für festes $n \in \mathbf{N}^*$ zerlegt man das Intervall $[a, b]$ in *gleich lange* Teilstücke der Länge $h = h_n = \dfrac{b-a}{n}$. Die zugehörige Zerlegungsfolge (Z_n) ist dann durch $Z_n = (a, a+h, \ldots, a+nh) = (x_{i,n} = a + h_n \cdot i, \ i = 0, \ldots, n)$ gegeben.

Beispiel 7.2.5: Wir zeigen $\int\limits_0^b x\, dx = \dfrac{b^2}{2}$ für $b \geq 0$. Dazu konstruieren wir die äquidistanten Zerlegungen Z_n des Intervalls $I = [0, b]$ und berechnen die Ober- und Untersumme zur Funktion $f(x) = x$. Wir setzen $h = \dfrac{b-0}{n} = \dfrac{b}{n}$ und $x_i = 0 + h \cdot i$. Dann folgt

$$\overline{S}(f, Z_n) = \sum_{i=1}^n x_i \cdot h = \sum_{i=1}^n h \cdot i \cdot h = \frac{b^2}{n^2} \sum_{i=1}^n i = \frac{b^2}{2} \cdot \frac{n(n+1)}{n^2} \to \frac{b^2}{2} \quad \text{für } n \to \infty.$$

Hierbei haben wir die arithmetische Summenformel aus 1.1.6 verwendet. Entsprechend ergibt sich $\underline{S}(f, Z_n) \to b^2/2$. Daher ist $f(x) = x$ auf $[0, b]$ integrierbar, und $b^2/2$ ist der Wert des Integrals.

Aufgabe 7.2.6: Zeigen Sie nach obiger Methode $\int\limits_0^b e^x dx = e^b - 1$ für $b \geq 0$!

Aufgabe 7.2.7: Zeigen Sie $\int\limits_1^b \dfrac{1}{x} dx = \ln b$ für $b \geq 1$ unter Verwendung *geometrischer* Zerlegungsfolgen $Z_n = (x_k = b^{k/n} : k = 0, \ldots, n)$ und der Formel $\lim\limits_{n\to\infty} n(\sqrt[n]{b} - 1) = \ln b$!

Aufgabe 7.2.8: Zeigen Sie, daß auch die Umkehrung des Hauptkriteriums gilt! (Hinweis: Verwenden Sie 7.2.3.)

7.3 Existenzsätze

Nicht jede beschränkte Funktion ist integrierbar. Ein Gegenbeispiel wird in Aufgabe 7.3.2 angegeben. Doch erlauben die Kriterien des vorhergehenden Abschnittes für zwei große Funktionenklassen den Nachweis der Integrierbarkeit.

Satz 7.3.1 (Existenzsätze): Folgende Eigenschaften garantieren die Integrierbarkeit:

a) Jede auf $[a, b]$ monotone Funktion ist dort integrierbar.

b) Jede auf $[a, b]$ stetige Funktion ist dort integrierbar.

Beweis: Wir führen den Beweis in beiden Fällen durch Anwendung des Riemannschen Integrabilitätskriteriums:

Zu a): Wir setzen voraus, daß f monoton wachsend sei (im anderen Fall verfährt man analog). Zu $\varepsilon > 0$ wählen wir eine natürliche Zahl n so groß, daß die Ungleichung $\frac{b-a}{n}(f(b) - f(a)) < \varepsilon$ erfüllt ist. Wir setzen nun $h = \frac{b-a}{n}$ und bilden hierzu die äquidistante Zerlegung Z mit den Teilpunkten $x_i = a + h \cdot i$ für $i = 0, \ldots, n$ und den Intervallen $I_i = [x_{i-1}, x_i]$. Wegen der Monotonie von f gelten $\overline{f}(I_i) = f(x_i)$ und $\underline{f}(I_i) = f(x_{i-1})$. Daher ist $\overline{f}(I_i) - \underline{f}(I_i) = f(x_i) - f(x_{i-1})$, und folglich ist

$$\overline{S}(f, Z) - \underline{S}(f, Z) = \sum_{i=1}^{n} (f(x_i) - f(x_{i-1})) \cdot h = (f(b) - f(a)) \cdot h < \varepsilon.$$

Damit sind die Bedingungen des Riemannschen Integrabilitätskriteriums erfüllt.

Zu b): Da f auf $[a, b]$ sogar *gleichmäßig* stetig ist (Satz 5.5.2!), existiert zu vorgegebenem $\varepsilon > 0$ ein $\delta > 0$ derart, daß aus $|x - x'| < \delta$ stets $|f(x) - f(x')| < \varepsilon$ folgt. Wir zerlegen nun das Intervall $[a, b]$ in Teilstücke I_i der Länge $< \delta$, um die Schwankung von f kontrollieren zu können. Dazu wählen wir eine Zahl $n \in \mathbf{N}$ mit $n > \frac{b-a}{\delta}$ und setzen $h = \frac{b-a}{n}$ und $x_i = a + h \cdot i$ für $i = 0, \ldots, n$. Nach Voraussetzung gilt dann $|f(x) - f(x')| < \varepsilon$ für $x, x' \in I_i = [x_{i-1}, x_i]$, woraus $\overline{f}(I_i) - \underline{f}(I_i) \leq \varepsilon$ für alle $i = 1, \ldots, n$ folgt. Für die zugehörige Zerlegung Z gilt daher

$$\overline{S}(f, Z) - \underline{S}(f, Z) = \sum_{i=1}^{n} (\overline{f}(I_i) - \underline{f}(I_i)) \cdot h \leq \varepsilon \cdot n \cdot h = \varepsilon \cdot (b - a).$$

Da aber mit ε auch $\varepsilon \cdot (b - a)$ beliebig klein gemacht werden kann, sind wiederum die Bedingungen des Integrabilitätskriteriums erfüllt. ∎

Aufgaben und Anwendungen

Aufgabe 7.3.2: Die Dirichlet-Funktion D (Figur 2.1.3) ist auf $[0, 1]$ *nicht integrierbar*! (Hinweis: Zeigen Sie $\underline{S}(D,Z) = 0$ und $\overline{S}(D,Z) = 1$ für jede Zerlegung Z von $[0, 1]$!)

Aufgabe 7.3.3: Beweisen Sie die Ungleichung $\left| \sum_{n=1}^{K-1} \frac{1}{n} - \int_{1}^{K} \frac{1}{x} dx \right| \leq 1$ für alle $K \in \mathbf{N}^*$!

(Hinweis: Vergleichen Sie das Integral mit den Ober- und Untersummen zur Zerlegung $Z = (1, 2, \ldots, K)$.)

Anwendung: Nach Aufgabe 7.2.7 (oder nach 7.5) gilt $\int_{1}^{K} \frac{1}{x} dx = \ln K$. Aus 7.3.3 ergibt sich damit die folgende interessante Formel für die Partialsummen der (divergenten) harmonischen Reihe:

$$\sum_{n=1}^{K-1} \frac{1}{n} \approx \ln K \pm 1.$$

Die Rechteckregel zur näherungsweisen Berechnung von Integralen:

Es seien f auf $[a, b]$ beschränkt und $n \in \mathbf{N}^*$ fixiert. Wir setzen $h = \dfrac{b-a}{n}$. Dann heißt die Formel

$$R_n(f) = \sum_{i=0}^{n-1} f(a + h \cdot i) \cdot h$$

die *Rechteckregel* für f.

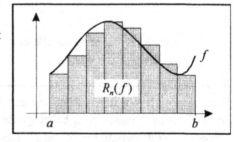

Fig. 7.3.1: Die Rechteckregel

Aufgabe 7.3.4: Zeigen Sie, daß die folgende Fehlerabschätzung gilt:

Satz 7.3.5: Ist f auf $[a, b]$ Lipschitz-stetig mit einer Konstanten L, so gilt

$$\left| \int_{a}^{b} f(x) dx - R_n(f) \right| \leq L \frac{(b-a)^2}{n}.$$

(Hinweis: Wählen Sie die zu h gehörende äquidistante Zerlegung Z und vergleichen Sie den im Betrag stehenden Ausdruck mit der Differenz $\overline{S}(f,Z) - \underline{S}(f,Z)$! Schätzen Sie dann diese Differenz mit der Lipschitz-Ungleichung ab!)

7.4   Eigenschaften des Integrals

Wir leiten hier erste Regeln für das Rechnen mit Integralen her. Zusammen mit den Formeln aus 7.5 und 7.6 wird es damit gelingen, Integrale in vielen Fällen auch berechnen zu können.

Satz 7.4.1: Es seien f und g auf $[a, b]$ integrierbar, und es sei $\lambda \in \mathbf{R}$ beliebig gegeben. Dann sind auch $f + g$ und λf auf $[a, b]$ integrierbar, und es gelten:

a) $\displaystyle\int_a^b (f(x) + g(x))dx = \int_a^b f(x)dx + \int_a^b g(x)dx$,   (Summenregel, Additivität)

b) $\displaystyle\int_a^b \lambda f(x)dx = \lambda \int_a^b f(x)dx$,   (Homogenität)

c) aus $f(x) \geq 0$ für alle $x \in [a, b]$ folgt $\displaystyle\int_a^b f(x)dx \geq 0$,   (Positivität)

d) aus $f(x) \leq g(x)$ für alle $x \in [a, b]$ folgt $\displaystyle\int_a^b f(x)dx \leq \int_a^b g(x)dx$,   (Monotonie)

e) aus $K_1 \leq f(x) \leq K_2$ für alle $x \in [a, b]$ folgt $K_1(b-a) \leq \displaystyle\int_a^b f(x)dx \leq K_2(b-a)$.

(Beschränktheit)

Beweis: Zu a): Wir untersuchen die zugehörigen Darbouxschen Ober- und Untersummen. Es seien Z und Z' zwei beliebige Zerlegungen von $[a, b]$, und es sei Z^* eine gemeinsame Verfeinerung von Z und Z'. Dann gilt offenbar

$$\underline{S}(f,Z) + \underline{S}(g,Z') \leq \underline{S}(f + g, Z^*) \leq \overline{S}(f + g, Z^*) \leq \overline{S}(f,Z) + \overline{S}(g,Z') ,$$

und durch Übergang zum Supremum bzw. Infimum ergibt sich mit Satz 1.2.2 die Beziehung

$$\underline{S}(f) + \underline{S}(g) \leq \underline{S}(f + g) \leq \overline{S}(f + g) \leq \overline{S}(f) + \overline{S}(g) .$$

Hier gilt aber sogar Gleichheit, denn nach Voraussetzung sind $\underline{S}(f) = \overline{S}(f)$ und $\underline{S}(g) = \overline{S}(g)$. Damit ist a) bewiesen. Entsprechend zeigt man b) und c) durch Rückgriff auf Ober- und Untersummen. Die Aussagen d) und e) sind dann eine Folgerung aus a), b) und c). ∎

Aufgaben und Anwendungen

Veranschaulichung von 7.4.1e): Integrale können als (vorzeichenbehafteter) Flächeninhalt der unter dem Graphen der Funktion liegenden Fläche gedeutet werden. Wir werden darauf in 7.9 näher eingehen. Unter Benutzung dieser Interpretation kann die Ungleichung 7.4.1e) als Vergleich dreier Flächeninhalte gedeutet werden. Das ist in der nebenstehenden Abbildung dargestellt.

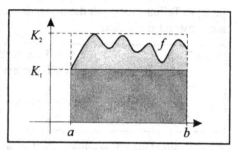

Fig. 7.4.1: Beschränktheit des Integrals

Aufgabe 7.4.2: Berechnen Sie unter Verwendung von 7.2.5/6 und 7.4.1a)-b):

a) $\int_0^1 (2x+1)\,dx$,   b) $\int_0^1 (e^x + x)\,dx$!

Aufgabe 7.4.3: Führen Sie die Beweise zu 7.4.1c)-e) aus!

Aufgabe 7.4.4: Beweisen Sie die folgende Aussage:

Satz: Ist f auf $[a, b]$ integrierbar, so ist auch $|f|$ integrierbar, und es gilt

$$\left| \int_a^b f(x)\,dx \right| \le \int_a^b |f(x)|\,dx .$$ (Dreiecksungleichung)

Der Name Dreiecksungleichung rührt daher, daß diese Formel eine Verallgemeinerung der bekannten Dreiecksungleichung $|a_1 + a_2| \le |a_1| + |a_2|$ für zwei Summanden bzw. von $|\Sigma a_k| \le \Sigma |a_k|$ für mehrere Summanden ist.

(Hinweis: Beweisen Sie die Integrierbarkeit von $|f|$ durch Nachweis der Ungleichung $\overline{S}(|f|,Z) - \underline{S}(|f|,Z) \le \overline{S}(f,Z) - \underline{S}(f,Z)$ und Abschätzung mittels 7.4.1d) !)

Aufgabe 7.4.5: Beweisen Sie: Ist f auf $[a, b]$ stetig und gilt $\int_a^b |f(x)|\,dx = 0$, so ist $f(x) = 0$ für alle $x \in [a, b]$. (Hinweis: Führen Sie den Beweis indirekt.)

Aufgabe 7.4.6: Zeigen Sie am Beispiel der Funktion $f(x) = D(x) - 0.5$ mit $D(x) =$ Dirichlet-Funktion, daß in Satz 7.4.4 die Umkehrung nicht gilt!

Aufgabe 7.4.7: Zeigen Sie durch Rückführung auf Ober- und Untersummen die Verschiebungsformel:

$$\int_a^b f(x)\,dx = \int_{a-c}^{b-c} f(x+c)\,dx \quad \text{für beliebige } c \in \mathbf{R}.$$

Wir setzen jetzt die allgemeine Theorie fort. Für die Zerlegung des Integrationsbereichs $[a, b]$ in Teilintervalle gilt die folgende Aussage, die wir später in verschiedenen Versionen verwenden werden:

Satz 7.4.8: Es seien $a < c < b$. Eine reelle Funktion f ist genau dann auf $[a, b]$ integrierbar, wenn f auf den Teilintervallen $[a, c]$ und $[c, b]$ integrierbar ist. In diesem Fall gilt $\int\limits_a^b f(x)dx = \int\limits_a^c f(x)dx + \int\limits_c^b f(x)dx$.

Beweis: Wiederum betrachten wir Zerlegungssummen. Es seien $I' = [a, c]$, $I'' = [c, b]$ und $I = [a, b]$. Sind Z' und Z'' Zerlegungen von I' bzw. I'' und ist Z die durch Anfügen von Z'' an Z' gebildete Zerlegung von I, so gilt $\underline{S}^{I'}(f, Z') + \underline{S}^{I''}(f, Z'') = \underline{S}^I(f, Z)$. Umgekehrt entsteht jede Zerlegung Z von $[a, b]$ mit Teilpunkt c auf diese Weise. Hieraus folgt $\underline{S}^{I'}(f) + \underline{S}^{I''}(f) = \underline{S}^I(f)$. Da eine entsprechende Beziehung für die Obersummen gilt, ergibt sich die Behauptung.   ∎

Wir kommen nun zu einem grundlegenden theoretischen Resultat, das den Vergleich des Integrals mit den Funktionswerten des Integranden in direkten Zusammenhang setzt. Dieser Satz wird eine Schlüsselstellung für den Beweis des Hauptsatzes der Differential- und Integralrechnung einnehmen.

Satz 7.4.9 (Mittelwertsatz der Integralrechnung): Es sei f stetig auf $[a, b]$. Dann existiert eine Zahl $\tau \in (a, b)$ mit $\int\limits_a^b f(t)dt = f(\tau) \cdot (b - a)$.

Beweis: Wir setzen $m = \min \{ f(t) : t \in [a, b]\}$ und $M = \max \{ f(t) : t \in [a, b]\}$, und es sei $f(t_1) = m$ und $f(t_2) = M$ für geeignete $t_1, t_2 \in [a, b]$. Dann gilt $f(t_1) \le f(t) \le f(t_2)$ für alle $t \in [a, b]$, und aus 7.4.1e) folgt

$$f(t_1) \cdot (b - a) \le \int\limits_a^b f(t)dt \le f(t_2) \cdot (b - a).$$

Die Division durch $(b - a)$ ergibt

$$f(t_1) \le \frac{1}{b - a} \int\limits_a^b f(t)dt \le f(t_2).$$

Daher existiert nach dem Zwischenwertsatz 5.3.2 eine Zahl τ zwischen t_1 und t_2 mit

$$f(\tau) = \frac{1}{b - a} \int\limits_a^b f(t)dt.$$ ∎

Weitere Aufgaben und Ergänzungen

In der nebenstehenden Abbildung ist eine Veranschaulichung des Mittelwertsatzes versucht. Die Zwischenstelle τ ist so zu wählen, daß die Höhenlinie zum Niveau $f(\tau)$ die Figur derart schneidet, daß die durch (+) und (-) gekennzeichneten Flächenstücke inhaltsgleich sind. Die Abbildung zeigt auch, daß es durchaus mehrere solcher Zwischenstellen geben kann.

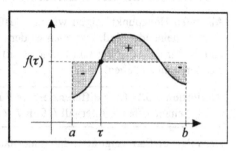

Fig. 7.4.2: Der Mittelwertsatz

Aufgabe 7.4.10: Zeigen Sie: Es sei f auf $[a, b]$ integrierbar. Dann ist die Funktion

$$\Phi(x) = \int_a^x f(t)\,dt \text{ auf } [a, b] \text{ stetig! (Man sagt dazu, daß das Integral als Funktion der}$$

oberen Grenze stetig ist.)

(Hinweis: Zeigen Sie unter Verwendung von 7.4.8, 7.4.4 und 7.4.1e), daß Φ sogar Lipschitz-stetig ist.)

Integrieren "glättet": Die Aussage in Aufgabe 7.4.10 kann so interpretiert werden, daß Integrieren ein *Glättungsprozeß* ist: Aus integrierbaren Funktionen werden stetige und aus stetigen werden sogar differenzierbare Funktionen (s. Satz 7.5.2)! In der nebenstehenden Abbildung sind zur Illustration die *unstetige* "Mäander"- Funktion $f(x)$ und die hieraus durch Integration erhaltene *stetige* Funktion $\Phi(x)$ dargestellt.

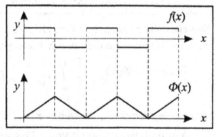

Fig. 7.4.3: Glätten durch Integrieren

Aufgabe 7.4.11: Zur Verallgemeinerung der Formel aus 7.4.8 definiert man noch:

$$\int_a^a f(x)dx = 0 \text{ und } \int_a^b f(x)dx = -\int_b^a f(x)dx \text{ für } b \leq a.$$

Beweisen Sie: Ist f auf dem Intervall I integrierbar, so gilt für alle $a, b, c \in I$ die Formel:

$$\int_a^b f(x)dx + \int_b^c f(x)dx + \int_c^a f(x)dx = 0.$$

7.5   Hauptsatz der Differential- und Integralrechnung

Als einen Höhepunkt zeigen wir nun, daß Integral- und Differentialrechnung komplementär zueinander sind. Das eben ist der Inhalt des Hauptsatzes und seiner Umkehrung, und es war die Leistung von BARROW, LEIBNIZ und NEWTON, eben diesen Zusammenhang erkannt zu haben.

> **Definition 7.5.1:** Eine differenzierbare Funktion F heißt eine *Stammfunktion* von f auf einem offenen Intervall I, falls $F'(x) = f(x)$ für alle $x \in I$ gilt.

Der folgende Satz zeigt nun, daß man Stammfunktionen durch Integration mit variabler oberer Grenze erhalten kann:

> **Satz 7.5.2** (Hauptsatz der Differential-Integralrechnung): Es sei f auf dem offenen Intervall I stetig, und es sei $a \in I$ beliebig gegeben. Dann ist die Funktion
>
> $$\Phi(x) = \int_a^x f(t)dt \quad \text{für } x \in I \text{ eine Stammfunktion von } f \text{ auf } I. \text{ Für alle } x \in I \text{ gilt}$$
>
> also $\Phi'(x) = \dfrac{d}{dx} \displaystyle\int_a^x f(t)dt = f(x)$. (Integration produziert Stammfunktionen, und Differentiation hebt Integration auf.)

Beweis: Wir untersuchen den Differenzenquotienten für $\Phi(x)$ an der Stelle x und verwenden dazu maßgeblich den Mittelwertsatz der Integralrechnung. Es ist

$$\frac{\Phi(x+h) - \Phi(x)}{h} = \frac{1}{h}\left[\int_a^{x+h} f(t)dt - \int_a^x f(t)dt\right] = \frac{1}{h}\int_x^{x+h} f(t)dt = \frac{1}{h} \cdot f(\tau_h) \cdot h = f(\tau_h)$$

für ein geeignetes τ_h zwischen x und $x + h$. Nun gilt $f(\tau_h) \to f(x)$ für $h \to 0$ wegen $\tau_h \to x$ und der Stetigkeit von f. Das zeigt insgesamt $\Phi'(x) = f(x)$ für alle $x \in I$. ∎

> **Satz 7.5.3** (Umkehrung des Hauptsatzes): Ist f auf dem offenen Intervall I stetig und ist F eine Stammfunktion von f auf I, so gilt $\displaystyle\int_a^x f(t)dt = F(x) - F(a)$ für alle
>
> $a, x \in I$. In anderer Fassung: $\displaystyle\int_a^x \frac{d}{dt} F(t)dt = F(x) - F(a) = F(t)\big|_a^x$ (Integration hebt Differentiation bis auf eine Konstante auf).

Beweis: Nach 7.5.2 ist die dort konstruierte Funktion Φ ebenfalls eine Stammfunktion von f. Also gilt $\Phi'(x) = f(x) = F'(x)$ für alle $x \in I$. Daher ist $(\Phi - F)' = 0$ auf I, und aus 6.4.3 folgt $\Phi - F \equiv$ const auf I. Für $x = a$ folgt hieraus const $= -F(a)$ wegen $\Phi(a) = 0$. Daher ist $\Phi(x) = F(x) - F(a)$ für alle $x \in I$, und das ist die Behauptung des Satzes. ∎

Anwendungen

Die Menge aller Stammfunktionen einer stetigen Funktion f (auf einem offenen Intervall I) wird symbolisch durch $\int f(x)dx$ bezeichnet und *unbestimmtes Integral* von f genannt. Nach 6.4.3 unterscheiden sich Stammfunktionen zu f nur durch eine additive Konstante. Daher ist $\int f(x)dx = \{F + C: C \in (-\infty, \infty)\}$ mit irgendeiner Stammfunktion F von f, z.B. mit $F = \Phi$ aus 7.5.2. In Formelsammlungen benutzt man häufig die praktische, aber problematische Schreibweise $\int f(x)dx = F(x) + C$. Die im Kapitel 6 berechneten Ableitungen elementarer Funktionen führen somit zu der folgenden Tabelle von Grundintegralen, wie man leicht durch Differentiation bestätigt:

Tabelle einiger Grundintegrale

Intervalle	$\int f(x)dx = F(x) + C$	Probe: $F' = f$
$(0, \infty)$	$\int x^\alpha \, dx = \dfrac{1}{\alpha+1} x^{\alpha+1} + C, \alpha \neq -1$	
$(-\infty, 0)$ oder $(0, \infty)$	$\int \dfrac{dx}{x} = \ln|x| + C$	
$(-\infty, \infty)$	$\int e^x \, dx = e^x + C$	
$(-\infty, \infty)$	$\int \sin x \, dx = -\cos x + C$	
$(-\infty, \infty)$	$\int \cos x \, dx = \sin x + C$	
$\left(-\dfrac{\pi}{2}, \dfrac{\pi}{2}\right)$	$\int \dfrac{dx}{\cos^2 x} = \tan x + C$	
$(-1, 1)$	$\int \dfrac{dx}{\sqrt{1-x^2}} = \arcsin x + C = -\arccos x + C_1$	(vgl. A2.5.6)
$(-\infty, \infty)$	$\int \dfrac{dx}{1+x^2} = \arctan x + C = -\text{arccot}\, x + C_1$	(wie A2.5.6)

Aufgabe 7.5.4. Berechnen Sie die folgenden Integrale:

a) $\displaystyle\int_0^1 x^2 + 4x \, dx$,   b) $\displaystyle\int_1^4 \sqrt{x} \, dx$,   c) $\displaystyle\int_{-\pi}^{\pi} \sin x \, dx$,   d) $\displaystyle\int_0^1 \dfrac{1}{1+x} \, dx$!

7.6   Integrationsmethoden

Da sich die Integration nach dem Hauptsatz als "Umkehrung" der Differentiation erweist, lassen sich neue Integrationsregeln durch Übertragung der Differentiationsregeln
erhalten. Insbesondere erhalten wir aus der Produkt- und Kettenregel sehr leistungsfähige Integrationsregeln. Wir wollen das ausführen. Eine Funktion f heißt dabei *stetig differenzierbar* auf einem Intervall I, falls f' auf I existiert und stetig ist.

Satz 7.6.1 (Partielle Integration): Sind f und g auf dem offenen Intervall I stetig differenzierbar, so gelten:

$$\int_a^b f(x)\,g'(x)\,dx = f(x)\,g(x)\big|_a^b - \int_a^b f'(x)\,g(x)\,dx \quad \text{für alle } a, b \in I \text{ und}$$

$$\int f(x)\,g'(x)\,dx = f(x)\,g(x) - \int f'(x)\,g(x)\,dx \qquad \text{(als unbestimmtes Integral).}$$

Hierbei bedeutet $f(x)\,g(x)\big|_a^b = f(b)\,g(b) - f(a)\,g(a)$.

Beweis: Durch Integration der Produktregel $(f \cdot g)' = f' \cdot g + f \cdot g'$ ergibt sich nach

7.5.3 die Formel $f(x)g(x) - f(a)g(a) = \int_a^x f'(t)g(t)\,dt + \int_a^x f(t)g'(t)\,dt$, und hieraus

folgen beide Behauptungen.   ∎

Satz 7.6.2 (Substitutionsregel): Es sei f stetig auf dem Intervall I, und es sei g stetig
differenzierbar auf einem Intervall I_1 mit $g(I_1) \subseteq I$. Dann gelten

a) $\displaystyle\int_a^x f(g(t)) \cdot g'(t)\,dt = \int_{g(a)}^{g(x)} f(z)\,dz$ für alle $a, x \in I_1$,

b) $\displaystyle\int f(g(x)) \cdot g'(x)\,dx = \int f(z)\,dz \,\big|_{z=g(x)}$ \qquad (als unbestimmtes Integral).

Beweis: Es genügt, die Gleichung a) zu beweisen. Wir differenzieren die rechte Seite
von a) mit der Kettenregel nach x und erhalten

$$\frac{d}{dx}\left[\int_{g(a)}^{g(x)} f(z)\,dz\right] = \left[\frac{d}{dz}\int_{g(a)}^{z} f(y)\,dy\right]_{z=g(x)} \cdot \frac{d}{dx}g(x) = f(g(x)) \cdot g'(x).$$

Also ist die rechte Seite von a) eine Stammfunktion von $f(g(x)) \cdot g'(x)$. Daher unterscheiden sich die beiden Integrale in a) nach 7.5.3 höchstens durch eine Konstante. Da
beide Seiten für $x = a$ aber Null ergeben, ist diese Konstante gleich Null.   ∎

♦ **Merke:** Beide Regeln liefern kein "fertiges Ergebnis", sie transformieren nur ein ge-
   gebenes Integral in ein anderes, das hoffentlich leichter zu behandeln ist. Die
   Anwendung der Regeln erfordert also vorausschauende Überlegungen, denn es
   ist auch möglich, daß das resultierende Integral komplizierter werden kann!

Gemischte Aufgaben

Die Kombination der Rechenregeln aus 7.4 und 7.6 mit den Grundintegralen aus 7.5 ermöglicht die Berechnung von Stammfunktionen in vielen (aber nicht allen) Fällen:

Aufgabe 7.6.3 (zur Summenregel): Berechnen Sie

a) $\int (x^2 + 3x - 1)\,dx$,   b) $\int (2e^x - 1)\,dx$,   c) $\int_0^\pi 2\sin x \,dx$!

Aufgabe 7.6.4 (zur partiellen Integration): Berechnen Sie

a) $\int x \cdot \cos x \,dx$,   b) $\int x \cdot e^x \,dx$,   c) $\int x^2 e^x \,dx$,   d) $\int \ln x \,dx$,   e) $\int \cos^2 x \,dx$!

(Hinweise: Zu d): Fassen Sie $\ln x = (1 \cdot \ln x)$ als Produkt auf! Zu e): Fassen Sie $\cos^2 x$ als Produkt auf, und verwenden Sie nach Anwendung der Integrationsregel außerdem die Formel $\sin^2 x = 1 - \cos^2 x$.)

Beispiel 7.6.5: Wir berechnen $\int e^{2x+1}\,dx$, indem wir die Substitutionsregel 7.6.2 „von links nach rechts" anwenden. Mit $z = g(x) = 2x + 1$ gilt $g'(x) = 2$, also ist

$$\int e^{2x+1}\,dx = \tfrac{1}{2}\int e^{2x+1} \cdot 2\,dx = \tfrac{1}{2}\int e^z\,dz\big|_{z=2x+1} = \tfrac{1}{2}e^z\big|_{z=2x+1} + C = \tfrac{1}{2}e^{2x+1} + C.$$

Aufgabe 7.6.6 (zur Substitutionsregel „von links nach rechts"): Berechnen Sie:

a) $\int \sin(2x + 1)\,dx$,   b) $\int \sqrt{2x - 1}\,dx$,   c) $\int x \sin x^2\,dx$,

d) $\int \dfrac{x}{1 + x^2}\,dx$,   e) $\int \dfrac{\ln x}{x}\,dx$,   f) $\int \cos x \cdot e^{\sin x}\,dx$.

Aufgabe 7.6.7 (zur Substitutionsregel „von rechts nach links"): Zeigen Sie:

$$\int_{-1}^{1} \sqrt{1 - z^2}\,dz = \frac{\pi}{2}$$ (Hinweis: Verwenden Sie die Substitution $z = \sin t$!).

Bemerkung 7.6.8: Leider gelingt die *formelmäßige* Auswertung von Integralen nicht immer! Für die Differentiation war alles einfach: Elementare Funktionen und ihre Zusammensetzungen konnten mit Hilfe der Differentiationsregeln in allen Fällen abgeleitet werden, und ihre Ableitungen waren wieder von dieser Art. Integrieren führt dagegen häufig von einfachen Funktionen zu komplizierteren, so ist z.B. jede Stammfunktion der gebrochen rationalen Funktion $f(x) = 1/x$ eine transzendente Funktion $\ln |x| + C$. JOSEPH LIOUVILLE (1809-1882) hat schließlich bewiesen, daß der *Integralsinus*

$$\mathrm{Si}(x) = \int_0^x \frac{\sin t}{t}\,dt \text{ und die } \textit{Gaußsche Fehlerfunktion } \Phi(x) = \frac{1}{\sqrt{2\pi}}\int_{-\infty}^x e^{-t^2/2}\,dt$$

nicht durch Zusammensetzung der bekannten elementaren Funktionen ausdrückbar sind. Beide Integranden sind jedoch analytisch, und daher kann eine Potenzreihenentwicklung von $\mathrm{Si}(x)$ und $\Phi(x)$ durch gliedweise Integration leicht angegeben werden.

7.7   Integration gebrochenrationaler Funktionen

Gebrochenrationale Funktionen können mit der Methode der *Partialbruchzerlegung* integriert werden. Ohne die allgemeine Theorie allzuweit zu entwickeln, demonstrieren wir dies am Beispiel der Funktion

$$f(x) = \frac{x^2 + 6x + 3}{x^3 + x^2 - 2}.$$

Schritt 1. Wir zerlegen den Nenner $N(x) = x^3 + x^2 - 2$ in nicht weiter zerlegbare Faktoren: Eine Nullstelle von $N(x)$ ist $x_0 = 1$, und die Polynomdivision ergibt die Zerlegung

$$N(x) = (x-1)(x^2 + 2x + 2). \qquad (*)$$

Der quadratische Faktor hat keine reellen Nullstellen und ist nicht weiter zerlegbar.

Schritt 2. Ausgehend von der Zerlegung (*) machen wir den Ansatz

$$f(x) = \frac{x^2 + 6x + 3}{(x-1)(x^2 + 2x + 2)} = \frac{A}{x-1} + \frac{Bx + C}{x^2 + 2x + 2} \qquad (**)$$

und versuchen, die Zahlen $A, B, C \in \mathbf{R}$ geeignet zu bestimmen. Diese Zerlegung nennt man *Partialbruchzerlegung*. Zur praktischen Bestimmung der Zahlen A, B und C multiplizieren wir die Gleichung mit dem Nenner $N(x)$. Das ergibt nach dem Kürzen

$$x^2 + 6x + 3 = A(x^2+2x+2) + (Bx + C)(x - 1) = (A + B)x^2 + (2A - B + C)x + 2A - C.$$

Der Koeffizientenvergleich führt auf das folgende lineare Gleichungssystem $A + B = 1$, $2A - B + C = 6$, $2A - C = 3$, das die Lösung $A = 2$, $B = -1$ und $C = 1$ hat.

Schritt 3. Wir können die Einzelterme in (**) integrieren. Es sind:

a) $T_1 = \int \frac{2}{x-1} dx = 2\ln|x-1| + C$ (Substitution $z = x - 1$),

b) $T_2 = \int \frac{-x+1}{x^2 + 2x + 2} dx = \int \frac{-x+1}{(x+1)^2 + 1} dx$

$$= \int \frac{-z+2}{z^2+1} dz = -\int \frac{z}{z^2+1} dz + 2\int \frac{dz}{z^2+1} \quad \text{(Substitution } z = x + 1 \text{ und } dz = dx)$$

$$= -\frac{1}{2}\int \frac{1}{u} du + 2\arctan z \quad \text{(Substitution } u = z^2 + 1, du = 2z dz)$$

$$= -\frac{1}{2}\ln|u| + 2\arctan z + C = -\frac{1}{2}\ln((x+1)^2 + 1) + 2\arctan(x+1) + C.$$

Somit ist $\int f(x)\, dx = T_1 + T_2 = 2\ln|x-1| - \frac{1}{2}\ln((x+1)^2 + 1) + 2\arctan(x+1) + C.$

Aufgaben und Beispiele

Beachte: Das Verfahren der Partialbruchzerlegung ist nur auf gebrochenrationale Funktionen anwendbar, für die der Zählergrad < Nennergrad ist. Sollte dies nicht der Fall sein, so muß vorher eine Polynomdivision zur *Abspaltung eines ganzrationalen Anteiles* durchgeführt werden.

Aufgabe 7.7.1: Bestimmen Sie Stammfunktionen zu folgenden Funktionen:

a) $f(x) = \dfrac{4 - x}{x^2 + x - 2}$,   b) $f(x) = \dfrac{3x^2 - 3x + 4}{x^3 - x^2 + 2}$.

Beispiel 7.7.2: Bei der Partialbruchzerlegung ist der *Sonderfall mehrfacher Nullstellen* zu beachten. Wir betrachten das am Beispiel der folgenden Funktion:

$$f(x) = \frac{x+1}{x^2 - 2x + 1} = \frac{x+1}{(x-1)^2}.$$

Hier ist $x_0 = 1$ eine *doppelte* Nullstelle des Nennerpolynoms. In solchen Fällen muß folgender Ansatz mit konstanten Zählern A und B gemacht werden:

$$f(x) = \frac{A}{x-1} + \frac{B}{(x-1)^2}.$$

Die Multiplikation der Gleichung mit dem Nenner $(x-1)^2$ von $f(x)$ ergibt

$$x + 1 = A\,(x-1) + B = Ax - A + B,$$

und durch Koeffizientenvergleich folgt $1 = A$ und $1 = -A + B$. Die Lösung dieses Gleichungssystems ist $A = 1$ und $B = 2$. Das ergibt

$$f(x) = \frac{1}{x-1} + \frac{2}{(x-1)^2}.$$

Mit der Substitution $u = x - 1$, $du = dx$ für den zweiten Term ist die Integration leicht durchführbar (nämlich wie?). Ist der Grad der Nennerfunktion noch höher, so sind weitere Spezialfälle möglich: Auch die irreduziblen quadratischen Faktoren könnten mehrfach auftreten. Man kann dann analog eine Zerlegung mit linearen Zählern erreichen. Wir wollen dies aber nicht vertiefen.

Aufgabe 7.7.3: Berechnen Sie für alle möglichen Fälle $a, b \in \mathbf{R}$ Stammfunktionen zu

$$f(x) = \frac{1}{x^2 + 2ax + b}\;!$$

Automatische Integration: Alle gängigen Computeralgebrasysteme ermöglichen eine automatische Partialbruchzerlegung (und Integration gebrochenrationaler Funktionen). Damit kann die mühselige Handarbeit vermieden werden! Probieren Sie das!

7.8   Uneigentliche Integrale

In manchen Fällen läßt sich die Integration auf *unbeschränkte* Intervalle und *unbeschränkte* Funktionen ausdehnen. Dazu definieren wir:

> **Definition 7.8.1:** Die Funktion f sei wenigstens auf dem rechts offenen Intervall $[a, b)$ definiert (wobei auch $b = \infty$ zugelassen ist) und auf jedem abgeschlossenen Teilintervall $[a, c] \subseteq [a, b)$ integrierbar. Dann heißt
>
> $$\int\limits_a^b f(x)dx = \lim_{c \uparrow b} \int\limits_a^c f(x)dx$$
>
> (im Fall der Existenz des Grenzwertes) das *uneigentliche Integral* von f auf $[a, b)$. Entsprechend wird die Integration auf $(a, b]$ und auf (a, b) definiert.

Die Definition erfordert eine Rechtfertigung: Wir haben sicherzustellen, daß für Funktionen f, die auf $[a, b]$ integrierbar sind, das eigentliche mit dem soeben definierten uneigentlichen Integral zusammenfällt, damit die Symbolik nicht zweideutig ist. Dieses ist aber einfach eine Konsequenz der Stetigkeit des Riemann-Integrals als Funktion der oberen Grenze. In der Tat gilt

$$\left| \int\limits_a^b f(x)\,dx - \int\limits_a^c f(x)\,dx \right| = \left| \int\limits_c^b f(x)\,dx \right| \le |b - c| \cdot \sup_{a \le x \le b} |f(x)| \to 0 \text{ für } c \uparrow b .$$

Die Definition schließt insbesondere Integrale der Form $\int\limits_a^\infty$ ein, und dieser Spezialfall ist für viele Anwendungen von besonderer Bedeutung. Eine solche Anwendung ist:

> **Satz 7.8.2** (Cauchys Integraltest zur Reihenkonvergenz): Es sei f eine monoton fallende, nichtnegative Funktion auf $[1, \infty)$. Dann gilt
>
> $$\int\limits_1^\infty f(x)dx < \infty \quad \Leftrightarrow \quad \sum_{k=1}^\infty f(k) < \infty .$$

Beweis: Die Beweisidee ist einfach: Da f monoton fallend ist, können wir die Partialsummen der Reihe als Ober- bzw. Untersummen des Integrals $\int\limits_1^n f(x)dx$ zu der Zerlegung $Z_n = (1, \ldots, n)$ auffassen. Somit ist $\sum\limits_{k=2}^n f(k) \cdot 1 \le \int\limits_1^n f(x)dx \le \sum\limits_{k=1}^{n-1} f(k) \cdot 1$. Daher ist die Folge der Partialsummen der Reihe genau dann beschränkt, wenn die Folge der Integrale beschränkt ist. Da beide Folgen wegen $f \ge 0$ aber monoton wachsend sind, müssen ihre Grenzwerte für $n \to \infty$ entweder beide endlich oder beide unendlich sein. ∎

Aufgaben und Anwendungen

Beispiel 7.8.3: Wir ermitteln $\int_0^\infty e^{-x}dx$. Hier ist $[a,b)=[0,\infty)$. Somit ist

$$\int_0^\infty e^{-x}dx = \lim_{c\uparrow\infty}\int_0^c e^{-x}dx = \lim_{c\uparrow\infty}(-e^{-x}|_0^c) = \lim_{c\uparrow\infty}(e^0-e^{-c}) = 1.$$

Aufgabe 7.8.4: Berechnen Sie

a) $\int_1^\infty \frac{1}{x}dx$,   b) $\int_1^\infty x^{-p}dx$ für $p>1$,   c) $\int_0^1 \frac{1}{x}dx$,   d) $\int_0^1 \ln x\,dx$.

Aufgabe 7.8.5: Warum ist $\int_0^1 \frac{1}{1-x}dx$ als uneigentliches Integral zu behandeln?

Aufgabe 7.8.6: Untersuchen Sie mit Hilfe von Cauchys Integraltest die Konvergenz der Dirichlet[1]-Reihen $\sum_{n=1}^\infty \frac{1}{n^p}$ in Abhängigkeit vom Parameter $p \in (0,\infty)$!

Aufgabe 7.8.7: Zeigen Sie mit Hilfe von Cauchys Integraltest:

a) $\sum_{n=2}^\infty \frac{1}{n\cdot\ln n} = \infty$,   b) $\sum_{n=2}^\infty \frac{1}{n\cdot(\ln n)^2} < \infty$!

Aufgabe 7.8.8. Die Funktion

$$\Gamma(s) = \int_0^\infty x^{s-1}e^{-x}dx, \quad s>0,$$

heißt *Gamma-Funktion*. Sie wurde von EULER eingeführt und *verallgemeinert die Fakultätsfunktion auf nichtganzzahlige Argumente* (siehe Teil c) der Aufgabe).

a) Zeichnen Sie den Integranden $f_s(x) = x^{s-1}e^{-x}$ für $x \geq 0$ und einige Werte von s !

b) Wenden Sie Cauchys Integraltest zum Nachweis der Konvergenz des Integrals an!

c) Zeigen Sie (durch partielle Integration) die Formeln

$\Gamma(s+1) = s\cdot\Gamma(s)$ für alle $s>0$,
$\Gamma(1)=1$, $\Gamma(n+1)=n!$ für alle $n\in\mathbf{N}$.

---

[1] PETER GUSTAV LEJEUNE DIRICHLET (1805-1859), Professor in Berlin und Göttingen.

7.9   Integration und Inhaltslehre

Wir schlagen nun die bereits mehrfach angesprochene Brücke zur Inhaltslehre. Zur Definition des Inhalts einer Teilmenge $M \subseteq \mathbf{R}^2$ benutzen wir die Methode der Ausschöpfung bzw. der Überdeckung der Figur M durch Eichquadrate:

Definition 7.9.1 (Riemannscher Inhalt):

Schritt 1. Die achsenparallelen Quadrate der Form

$$Q_{m,k}^{(n)} = \left[\frac{m}{2^n}, \frac{m+1}{2^n}\right] \times \left[\frac{k}{2^n}, \frac{k+1}{2^n}\right] \subseteq \mathbf{R}^2$$

mit $m, n, k \in \mathbf{Z}$ heißen *Eichquadrate n-ter Ordnung*. Es sei $\mathbf{Q}_n$ die Menge aller Eichquadrate n-ter Ordnung. Wir setzen $e_n = \frac{1}{2^n} \cdot \frac{1}{2^n} = \frac{1}{2^{2n}}$ und nennen

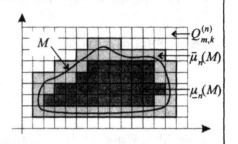

Fig. 7.9.1: Riemannscher Inhalt

diese Zahl den elementaren Inhalt der Eichquadrate n-ter Ordnung.

Schritt 2. Für jede beschränkte Menge $M \subset \mathbf{R}^2$ definieren wir den *inneren bzw. den äußeren Inhalt vom Grad n* durch

$$\underline{\mu}_n(M) = e_n \cdot \mathrm{card}^1\{Q \in \mathbf{Q}_n \colon Q \subseteq M\} \text{ bzw. } \overline{\mu}_n(M) = e_n \cdot \mathrm{card}\{Q \in \mathbf{Q}_n \colon Q \cap M \neq \varnothing\}.$$

Der *innere bzw. äußere Inhalt von M* ist nun definiert durch die Formeln

$$\underline{\mu}(M) = \sup_{n \in \mathbf{N}} \underline{\mu}_n(M) = \lim_{n \to \infty} \underline{\mu}_n(M) \text{ bzw. } \overline{\mu}(M) = \inf_{n \in \mathbf{N}} \overline{\mu}_n(M) = \lim_{n \to \infty} \overline{\mu}_n(M).$$

Schritt 3. Die Menge $M \subseteq \mathbf{R}^2$ heißt *quadrierbar*, wenn $\underline{\mu}(M) = \overline{\mu}(M)$ gilt. In diesem Fall heißt diese Zahl der *zweidimensionale Inhalt* $\mu(M)$ von M.

Mit ähnlicher Argumentation wie zu 7.4.1a) beweist man:

Satz 7.9.2: Der zweidimensionale Inhalt μ hat folgende Eigenschaften:

a) $\mu(\varnothing) = 0$, $\mu(Q) = e_n$ für $Q \in \mathbf{Q}_n$ und $\mu([a,b] \times [c,d]) = (b-a)(d-c)$ für $a < b, c < d$.

b) Sind $M_1, M_2 \subseteq \mathbf{R}^2$ quadrierbar und disjunkt, so ist auch $M_1 \cup M_2$ quadrierbar, und es gilt $\mu(M_1 \cup M_2) = \mu(M_1) + \mu(M_2)$.   (Additivität)

Welche Figuren sind quadrierbar, und wie berechnet man effektiv den Inhalt?

Definition 7.9.3: Eine Teilmenge $M \subseteq \mathbf{R}^2$ heißt ein *Normalbereich*, wenn es ein Intervall $[a, b] \subseteq \mathbf{R}$ und stetige Funktionen f und g auf $[a, b]$ so gibt, daß sich M in der Form $M = M_g^f = \{(x,y) \colon x \in [a,b], g(x) \leq y \leq f(x)\}$ darstellen läßt.

---

[1] card(A) = Anzahl der Elemente von A, Kardinalzahl von A.

Satz 7.9.4: Normalbereiche M_g^f sind quadrierbar, es gilt $\mu(M_g^f) = \int\limits_a^b (f(x) - g(x))dx$.

Beweis: Es sei Z eine beliebige Zerlegung des Intervalls $[a, b]$. Für $M = M_g^f$ gilt

$$\overline{S}(f,Z) - \underline{S}(g,Z) \geq \overline{\mu}(M) \geq \underline{\mu}(M) \geq \underline{S}(f,Z) - \overline{S}(g,Z),$$

wegen 7.9.2a)-b), und hieraus folgt durch Übergang zum Infimum bzw. Supremum

$$\int\limits_a^b f(x) - g(x)dx \geq \overline{\mu}(M) \geq \underline{\mu}(M) \geq \int\limits_a^b f(x) - g(x)dx \text{ , also gilt Gleichheit.} \quad \blacksquare$$

Bemerkung: Der Satz enthält die zweidimensionale Version des *Prinzips des Cavalieri: Figuren, die in gleichen Höhen gleiche Breiten haben, sind flächengleich.* Der Inhalt eines Normalbereiches hängt nämlich nicht direkt von seiner Kontur, sondern nur von seiner "Dicke" $f(x) - g(x)$ ab!

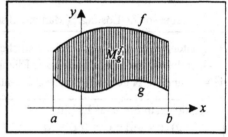

Fig. 7.9.2: Normalbereiche

Beispiele und Anwendungen

Beispiel 7.9.5: Wir berechnen den Flächeninhalt der Einheitskreisscheibe K, die sich als Normalbereich über dem Intervall $I = [-1, 1]$ mit den Randfunktionen $f(x) = \sqrt{1-x^2}$ und $g(x) = -\sqrt{1-x^2}$ in der Form $K = M_g^f$ schreiben läßt. Nach Satz 7.9.4 und Formel 7.6.7 gilt dann

$$\mu(K) = \mu(M_g^f) = \int\limits_{-1}^1 \sqrt{1-x^2} - (-\sqrt{1-x^2}) \, dx = 2\int\limits_{-1}^1 \sqrt{1-x^2} \, dx = 2 \cdot \frac{\pi}{2} = \pi \, .$$

Damit haben wir nachträglich die Verbindung zu der in der Schule üblichen Definition der Zahl π als Flächeninhalt der Einheitskreisscheibe hergestellt.

Aufgabe 7.9.6: Wie groß ist die von der Ellipse $\dfrac{x^2}{a^2} + \dfrac{y^2}{b^2} = 1$ eingeschlossene Fläche? (Hinweis: Gehen Sie wie in 7.9.5 vor und benutzen Sie die Substitution $x/a = t$.)

Aufgabe 7.9.7: Berechnen Sie die Fläche, die von der Parabel $y = x^2$ und der Geraden $y = x$ begrenzt wird!

Beispiel 7.9.8 (*Beispiel einer nichtquadrierbaren Menge*): In Anlehnung an die Dirichlet-Funktion konstruiert man die Menge $M = (\mathbf{Q} \cap [0, 1]) \times [0, 1] \subseteq \mathbf{R}^2$. Man sieht sofort, daß $\underline{\mu}_n(M) = 0$ und $\overline{\mu}_n(M) = 1$ für alle $n \in \mathbf{N}$ gelten. Folglich ist $\underline{\mu}(M) = 0 \neq \overline{\mu}(M) = 1$, und M kann nicht quadrierbar sein. Diese wie ein „Lattenrost" aussehende Menge M hat also *keinen* Flächeninhalt.

8 Komplexe Zahlen und Anwendungen

8.1 Der Körper der komplexen Zahlen

Der Körper **C** der komplexen Zahlen wird als Erweiterung von **R** mit dem Ziel konstruiert, in diesem Bereich **C** eine Lösung der in **R** unlösbaren Gleichung $x^2 = -1$ zu finden. Daß man in **C** sehr viel mehr machen kann, zeigt sich später (z.B. in 8.4, 8.5). Um die Konstruktion von **C** vorzubereiten, nehmen wir zunächst folgendes an:

Annahme 8.1.1: Es gäbe eine Obermenge **C** von **R** und eine Fortsetzung der Addition und Multiplikation von **R** nach **C** derart, daß die Axiome 1 - 4 aus 1.1 gültig bleiben und die Gleichung $x^2 = -1$ in **C** (mindestens) eine Lösung hat. Es sei i eine solche Lösung.[1] (Manchmal schreibt man symbolisch i $= \sqrt{-1}$.)

Wir untersuchen die Struktur eines solchen Oberbereichs **C** von **R**. Wegen der Axiome 1 - 4 enthält **C** mit **R** und i auch alle Elemente der Form $a + b \cdot$i mit $a, b \in$ **R**, und wegen $i^2 = -1$ und i $\notin$ **R** gelten für diese Elemente die folgenden Aussagen:

Rechenregeln 8.1.2: a) Es gilt $a + b \cdot$i $= c + d \cdot$i genau dann, wenn $a = c$ und $b = d$ ist.
   b) $(a + b \cdot$i$) + (c + d \cdot$i$) = (a + c) + (b + d) \cdot$i für alle $a, b, c, d \in$ **R**.
   c) $(a + b \cdot$i$) \cdot (c + d \cdot$i$) = (ac - bd) + (ad + bc) \cdot$i für alle $a, b, c, d \in$ **R**.
   d) Es gelten i $= 0 + 1 \cdot$i und $1 = 1 + 0 \cdot$i.

Damit ist umgekehrt die Konstruktion von **C** als kleinste derartige Erweiterung von **R** vorbereitet:

Die Konstruktion von C: Im Einklang mit 8.1.2 a) setzen wir **C** $= \{(a,b): a, b \in$ **R**$\}$, und motiviert durch b) und c) definieren wir die Rechenoperationen
   $(a,b) + (c,d) = (a + c, b + d)$ und $(a,b) \cdot (c,d) = (ac - bd, ad + bc)$.

Es ist leicht, die Gültigkeit der Axiome 1 bis 4 aus 1.1 nachzuweisen. Lediglich der Nachweis der Umkehrbarkeit der Multiplikation erfordert einen kleinen Trick, den wir erst in 8.1.4 kennenlernen. Die Abbildung

R $\to \{(a,0): a \in$ **R** $\} \subseteq$ **C** vermöge $a \mapsto (a,0)$

ist wegen 8.1.2a) eineindeutig, und wir können daher **R** als Teilmenge von **C** auffassen. Insbesondere ist dann $1 = (1,0)$. Setzt man noch i $= (0,1)$, so ergibt sich die Darstellung

$(a,b) = (a,0) + (0,b) = a + (b,0) \cdot (0,1) = a + b$i

für alle Elemente von **C**. Die auf diese Weise konstruierte Erweiterung **C** von **R** heißt der *Körper der komplexen Zahlen*.

---

[1] Das Zeichen i wurde von EULER als Symbol für eine imaginäre (= scheinbare) Größe eingeführt. Natürlich ist i auf seine Art nicht seltsamer als beispielsweise π .

Aufgaben und Ergänzungen

Aufgabe 8.1.3: Berechnen Sie unter Verwendung der Regeln 8.1.2 a)-d):

a) $(2 + i)+(3 - 2i)$,   b) $(1 + i)^2$,   c) $(1 + i)(1 - i)$,   d) $(a + bi)(a - bi)$!

8.1.4 Die Division komplexer Zahlen: Die Division wird durch Erweitern mit dem "konjugiert" komplexen Nenner ausgeführt (Reellmachen des Nenners!), z.B.:

$$\frac{3+5i}{2+i} = \frac{(3+5i)(2-i)}{(2+i)(2-i)} = \frac{6+5+(10-3)i}{4+1} = \frac{11}{5} + \frac{7}{5}i \ .$$

Aufgabe 8.1.5: Berechnen Sie: a) $\dfrac{3+4i}{1+i}$,   b) $\dfrac{1}{1-i}$,   c) $\dfrac{1}{(1-i)^3}$!

8.1.6 Die Gaußsche Zahlenebene: Im Körper **C** kann *keine* Ordnung, die die Axiome 5 - 10 aus 1.1 erfüllt, definiert werden, denn aus diesen Axiomen folgt, daß alle Quadrate nichtnegativ sind. Wir brauchen aber $i^2 = -1 < 0$! Eine Veranschaulichung von **C** in

der Zahlengeraden ist daher nicht möglich. Wohl aber gelingt die Veranschaulichung in der sogenannten *Gaußschen Zahlenebene*. Darunter versteht man einfach die Abbildung **C** → **R**^{2} vermöge $z = a + bi \mapsto (a, b)$. Die Addition komplexer Zahlen kann dann als Vektoraddition in der Ebene **R**^{2} gedeutet werden. Für die Multiplikation komplexer Zahlen gibt es in **R**^{2} aber zunächst keine Entsprechung.

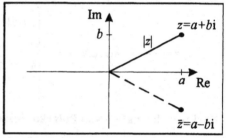

Fig. 8.1.1: Gaußsche Zahlenebene

8.1.7 Konjugiert komplexe Zahlen: Die Funktionen

Re: **C** → **R** vermöge $z = a + bi \mapsto \text{Re } z = a$,

Im: **C** → **R** vermöge $z = a + bi \mapsto \text{Im } z = b$,

$|\cdot|$: **C** → **R** vermöge $z = a + bi \mapsto |z| = \sqrt{a^2 + b^2}$,

$^-$: **C** → **C** vermöge $z = a + bi \mapsto \bar{z} = a - bi$

heißen *Realteil, Imaginärteil, Betrag und Konjugation*. Die Zahl $\bar{z}$ heißt die zu z *konjugiert komplexe* Zahl. Nach Figur 8.1.1 ist die Abbildung $z \mapsto \bar{z}$ eine Spiegelung an der reellen Achse.

Aufgabe 8.1.8: Beweisen Sie die oft benutzten Rechenregeln

a) $\bar{\bar{z}} = z$,   b) $\overline{z_1 + z_2} = \bar{z}_1 + \bar{z}_2$,   c) $\overline{z_1 \cdot z_2} = \bar{z}_1 \cdot \bar{z}_2$,   d) $|z|^2 = z \cdot \bar{z} \geq 0$!

8.2 Die trigonometrische Darstellung komplexer Zahlen

Die bisherige Darstellung komplexer Zahlen orientierte sich an der Zerlegung in Real-
und Imaginärteil, und diese Darstellung $z = a + b\mathrm{i}$ entsprach den kartesischen Koordinaten in der Gaußschen Zahlenebene. Nun ist es aber auch möglich, die Position einer Zahl
z in der Ebene durch ihre *Polarkoordinaten*
(r, φ) anzugeben: durch den Abstand r vom
Koordinatenursprung und durch den Winkel
φ über der reellen Achse. Wir nennen diesen
Winkel das *Argument* von z, in Zeichen
$\varphi = \operatorname{Arg} z$, und richten die Winkelmessung so
ein, daß der Winkel im Intervall $[0, 2\pi)$ liegt.
Aus der Trigonometrie ergeben sich dann die
folgenden:

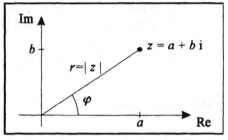

Fig. 8.2.1 : Trigonometrische Darstellung

Transformationsformeln von kartesischen auf Polarkoordinaten:

$$z = a + b\mathrm{i} \mapsto (r, \varphi) \quad mit \quad \begin{cases} r = |z| = \sqrt{a^2 + b^2}, \\[2mm] \varphi = \operatorname{Arg} z = \begin{cases} \arccos \dfrac{a}{|z|} & \text{für } b \geq 0, \\[3mm] 2\pi - \arccos \dfrac{a}{|z|} & \text{für } b < 0. \end{cases} \end{cases}$$

Rücktransformation von Polarkoordinaten auf kartesische Koordinaten:

$$(r, \varphi) \mapsto z = a + b\mathrm{i} \quad mit \quad \begin{Bmatrix} a = r \cos \varphi \\ b = r \sin \varphi \end{Bmatrix}, \quad also \quad z = r(\cos \varphi + \mathrm{i} \sin \varphi).$$

Ein wichtiger Vorzug der trigonometrischen Darstellung besteht darin, daß der Multiplikation und Division komplexer Zahlen eine neue Gestalt gegeben werden kann:

Satz 8.2.1 (Formel von DE MOIVRE (1667-1754)): Für die Multiplikation komplexer
Zahlen $z_1 = r_1(\cos \varphi_1 + \mathrm{i} \sin \varphi_1)$ und $z_2 = r_2(\cos \varphi_2 + \mathrm{i} \sin \varphi_2)$ gilt
$$z_1 \cdot z_2 = r_1 \cdot r_2 (\cos(\varphi_1 + \varphi_2) + \mathrm{i} \sin(\varphi_1 + \varphi_2)).$$
(Die Beträge multiplizieren sich, die Argumente addieren sich (modulo 2π).)

Beweis: Unter Benutzung der Additionstheoreme für sin und cos folgt:
$$\begin{aligned} z_1 \cdot z_2 &= [r_1(\cos \varphi_1 + \mathrm{i} \sin \varphi_1)] \cdot [r_2(\cos \varphi_2 + \mathrm{i} \sin \varphi_2)] \\ &= r_1 \cdot r_2 [\cos \varphi_1 \cos \varphi_2 + \mathrm{i}^2 \sin \varphi_1 \sin \varphi_2 + \mathrm{i}(\sin \varphi_1 \cos \varphi_2 + \cos \varphi_1 \sin \varphi_2)] \\ &= r_1 \cdot r_2 [(\cos \varphi_1 \cos \varphi_2 - \sin \varphi_1 \sin \varphi_2) + \mathrm{i}(\sin \varphi_1 \cos \varphi_2 + \cos \varphi_1 \sin \varphi_2)] \\ &= r_1 \cdot r_2 [\cos(\varphi_1 + \varphi_2) + \mathrm{i} \sin(\varphi_1 + \varphi_2)]. \end{aligned}$$ ∎

Folgerung 8.2.2. Für $z = r(\cos \varphi + \mathrm{i} \sin \varphi)$ und $n \in \mathbf{N}$ gilt $z^n = r^n(\cos n\varphi + \mathrm{i} \sin n\varphi)$.

Aufgaben und Anwendungen

Aufgabe 8.2.3: Finden Sie die trigonometrische Darstellung für:

a) $z = 2 + 2i$,   b) $z = i$,   c) $z = -i$,   d) $z = (-1 - i)^2$!

Aufgabe 8.2.4: Finden Sie die kartesische Darstellung für:

a) $|z| = 1$ und Arg $z = \dfrac{\pi}{4}$, b) $|z| = 2$ und Arg $z = \dfrac{3\pi}{2}$, c) $|z| = 1$ und Arg $z = 1$!

Graphische Interpretation der Moivreschen Formel:

Wir betrachten der Einfachheit halber den Fall zweier komplexer Zahlen z_1, z_2 auf dem Einheitskreis und möchten das Produkt $z_1 \cdot z_2$ finden. Die Moivresche Formel lehrt $|z_1 \cdot z_2|$ = $|z_1| \cdot |z_2| = 1$ und Arg $(z_1 \cdot z_2)$ = Arg z_1 + Arg z_2 (mod 2π). Wir erhalten also das Produkt $z_1 \cdot z_2$ als Punkt auf dem Einheitskreis durch Addition des Winkels φ_1 zum Winkel φ_2. Übrigens ergibt sich die Division $z_1 : z_2$ durch Subtraktion der Argumente. Warum?

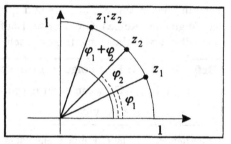

Fig. 8.2.2: Moivresche Formeln

Aufgabe 8.2.5: Zeigen Sie, daß die Abbildung $z \mapsto i \cdot z$ in **C** eine Drehung um 90° bewirkt!

Aufgabe 8.2.6: Fixieren Sie einen Winkel $\varphi \in [0, 2\pi)$ und betrachten Sie die Menge der Potenzen $\{z^n : n \in \mathbf{Z}\}$! Veranschaulichen Sie diese Menge auf dem Einheitskreis für die Winkel $\varphi = \dfrac{2\pi}{6}, \dfrac{2\pi}{3}, \dfrac{\pi}{2}, \dfrac{\pi}{7}$, 1! Welche allgemeinen Aussagen können getroffen werden?

Die n-ten Einheitswurzeln

Die Moivresche Formel gestattet die Bestimmung der Lösungen von $z^n = 1$. Für jede Lösung z gilt nach Voraussetzung $|z|^n = |z^n| = 1$, also ist $|z| = 1$. Daher hat z die Darstellung $z = \cos\varphi + i \sin\varphi$. Aus 8.2.2 folgt $z^n = \cos n\varphi + i \sin n\varphi$, und mit $z^n = 1$ folgen $\cos n\varphi = 1$ und $\sin n\varphi = 0$. Dies ist genau dann der Fall, wenn $n\varphi = 2k\pi$ für ein $k \in \mathbf{Z}$ gilt. Damit ergibt sich:

$$z^n = 1 \Leftrightarrow z = \cos\frac{2k\pi}{n} + i \cdot \sin\frac{2k\pi}{n} \quad \text{für} \quad k = 0, \ldots, n-1.$$

Aufgabe 8.2.7: Geben Sie die Lösungen der Gleichungen $z^n = 1$ für $n = 2, 3, 4, 5$ explizit an und veranschaulichen Sie diese Lösungen in der Gaußschen Zahlenebene!

Aufgabe 8.2.8: Finden Sie die Lösungen der Gleichung $z^n = i$ für $n \in \mathbf{N}^*$!

8.3   Konvergenz und Grenzwerte in C

Im reellen Körper **R** hatte sich der Begriff der Konvergenz als grundlegend erwiesen. Wir wollen dieses Instrument auch in **C** nicht missen. Dazu verallgemeinern wir den Begriff der ε-Umgebung $U_\varepsilon(a) = (a - \varepsilon, a + \varepsilon)$ eines Elementes $a \in$ **R** wie folgt auf **C**:

Definition 8.3.1: Für festes $z^* \in$ **C** und $\varepsilon > 0$ heißt $U_\varepsilon(z^*) = \{z \in$ **C** $: |z - z^*| < \varepsilon\}$ eine ε-Umgebung von z^* in **C**. Geometrisch ist $U_\varepsilon(z^*)$ die offene Kreisscheibe um z^* mit Radius ε.

Hiermit können nun wie in 3.2.1 und späteren Definitionen die Begriffe der konvergenten Folgen und Reihen, Grenzwerte, Häufungspunkte, Stetigkeit und Differenzierbarkeit wie selbstverständlich eingeführt werden. Exemplarisch also:

Definition 8.3.2: Eine Folge (z_n) von komplexen Zahlen heißt konvergent gegen eine Zahl $z^* \in$ **C**, wenn es zu jedem $\varepsilon > 0$ eine Zahl $n_0 = n_0(\varepsilon)$ mit $|z_n - z^*| < \varepsilon$ für alle $n \geq n_0$ gibt.

Glücklicherweise lassen sich viele Sätze über die Konvergenz in **R** unmittelbar auf **C** übertragen, indem man einfach Real- und Imaginärteil für sich betrachtet:

Satz 8.3.3: Es sei (z_n) eine Folge in **C**, es seien $a_n = \text{Re}(z_n)$ und $b_n = \text{Im}(z_n)$ für $n \in$ **N**. Dann ist $z_n \to z^*$ mit $a_n \to \text{Re}(z^*)$ und $b_n \to \text{Im}(z^*)$ äquivalent.

Beweis: Die Äquivalenz folgt daraus, daß für jede komplexe Zahl z die wechselseitigen Abschätzungen

$$|\text{Re}(z)|, |\text{Im}(z)| \leq |z| \quad \text{und} \quad |z| = |\text{Re}(z) + i \cdot \text{Im}(z)| \leq |\text{Re}(z)| + |\text{Im}(z)|$$

bestehen (Dreiecksungleichung!). Daher lassen sich auch die Abweichungen $|z_n - z^*|$, $|a_n - \text{Re}(z^*)|$ und $|b_n - \text{Im}(z^*)|$ wechselseitig abschätzen. ∎

Folgerung 8.3.4 (Satz von Bolzano-Weierstraß): Jede *beschränkte* komplexe Folge (z_n) hat (mindestens) einen Häufungspunkt in **C**.

Folgerung 8.3.5 (Vollständigkeit von **C**): Jede Cauchy-Folge in **C** ist konvergent.

Folgerung 8.3.6 (Satz vom Minimum und Maximum): Es sei K eine abgeschlossene Kreisscheibe in **C**, und es sei $f: K \to$ **C** eine stetige Funktion. Dann existieren Punkte $z^* \in K$ mit $|f(z^*)| = \min\{|f(z)|: z \in K\}$ und $z^{**} \in K$ mit $|f(z^{**})| = \max\{|f(z)|: z \in K\}$.

Ergänzungen und Aufgaben

In nebenstehender Skizze ist eine ε - Umgebung eines Punktes $z^* \in \mathbf{C}$ veranschaulicht. Man mache sich auch klar, daß für eine konvergente Folge $z_n \to z^*$ im Komplexen viel mehr Freiheiten bestehen als im Reellen: Die Folge kann beispielsweise radial, spiralförmig oder auf anderen verschlungenen Wegen auf z^* zulaufen.

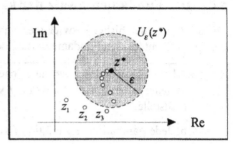

Fig. 8.3.1: Eine ε-Umgebung in **C**

Aufgabe 8.3.7: Berechnen Sie die Grenzwerte der durch nachfolgende Formeln gegebenen Folgen:

$$a)\, z_n = \frac{n}{n+1} + \frac{2}{n-1}\,\mathrm{i}, \qquad b)\, z_n = \sqrt[n]{2} - \mathrm{i}, \qquad c)\, z_n = \frac{1-\mathrm{i}}{1+n\mathrm{i}}\,!$$

Aufgabe 8.3.8: Beweisen Sie: Aus $z_n \to z$ folgt $|z_n| \to |z|$!

Aufgabe 8.3.9: Der Begriff der Reihe und ihrer Konvergenz kann sofort auf **C** übertragen werden. Zeigen Sie, daß auch in **C** absolut konvergente Reihen konvergent sind und daß das Cauchy-Hadamardsche Konvergenzkriterium gilt!

Aufgabe 8.3.10: Der Begriff der Ableitung von Funktionen kann problemlos auf komplexe Funktionen $f: \mathbf{C} \to \mathbf{C}$ übertragen werden. Beweisen Sie folgende Formeln durch Wiederholung der im Reellen gebrauchten Argumente:

a) Die Ableitung von $f(z) = z^2$ ist $f'(z) = 2z$.

b) Die Ableitung von $f(z) = \dfrac{1}{z}$ ist $f'(z) = -\dfrac{1}{z^2}$ für alle $z \neq 0$.

Der uneigentliche Grenzwert ∞ in C

Für eine komplexe Folge (z_n) definieren wir $z_n \to \infty \Leftrightarrow |z_n| \to \infty$. Da es in **C** keine (vernünftige) Ordnung gibt, macht es keinen Sinn, ein $-\infty$ einzuführen! Im Komplexen gilt also beispielsweise $\pm n \to \infty$. Verwirrungen ergeben sich dadurch aber nicht.

Aufgabe 8.3.11: Zeigen Sie $z^n \to \infty$ für alle $z \in \mathbf{C}$ mit $|z| > 1$!

Aufgabe 8.3.12: Es sei $f(z) = \displaystyle\sum_{k=0}^{n} a_k z^k$ eine ganzrationale Funktion in **C** mit $n \geq 1$ und $a_n \neq 0$. Zeigen Sie $f(z) \to \infty$ für $z \to \infty$, d.h., zu jeder (beliebig großen) Zahl $K \geq 0$ existiert eine Zahl $R \geq 0$ mit $|f(z)| \geq K$ für alle $z \in \mathbf{C}$ mit $|z| \geq R$!

(Hinweis: Vergleichen Sie diese Aufgabe mit Aufgabe 5.4.3a)!)

8.4   Der Fundamentalsatz der klassischen Algebra

Mit der Macht der bisher entwickelten analytischen Werkzeuge beweisen wir den von
GAUSS 1799 entdeckten Fundamentalsatz der klassischen Algebra:

Satz 8.4.1 (Fundamentalsatz der klassischen Algebra):

    a) Jede ganzrationale Funktion f vom Grad $n \geq 1$ hat in **C** mindestens eine
Nullstelle.

    b) Jede ganzrationale Funktion f vom Grad $n \geq 1$ läßt sich in **C** vollständig in

    Linearfaktoren $f(z) = a_n (z - z_1)^{p_1} \cdot \ldots \cdot (z - z_k)^{p_k}$ mit $p_1 + \ldots + p_k = n$ zerlegen.

Beweis: Es genügt, die Aussage a) zu beweisen, denn hieraus folgt b) durch wiederholte
Anwendung von 2.4.2 (komplexe Polynome). Die Beweisidee zu a) besteht darin zu
zeigen, daß die reellwertige Funktion $|f(z)|$ ein Minimum in **C** hat und daß dieses $= 0$ ist.

Schritt 1: Wir zeigen die *Existenz* eines Minimums. Wegen Aufgabe 8.3.12 existiert
eine Zahl $R > 0$ derart, daß $|f(z)| \geq |f(0)|$ für alle $|z| \geq R$ ausfällt. Auf der Kreisscheibe
$\{z: |z| \leq R\}$ hat die stetige Funktion $|f(z)|$ wegen Folgerung 8.3.6 aber ein Minimum,
etwa bei w. Wegen $|f(w)| \leq |f(0)|$ gilt dann aber sogar $|f(w)| \leq |f(z)|$ für alle $z \in$ **C**.

Schritt 2: Wir zeigen $f(w) = 0$ und hätten somit eine Nullstelle. Angenommen, es wäre
$|f(w)| \neq 0$. Dann könnten wir die *ganzrationale* Funktion

$$g(z) = \frac{f(z + w)}{f(w)}, \quad z \in \mathbf{C},$$

bilden. Sie erfüllt $|g(z)| \geq 1$ für alle $z \in$ **C** nach Konstruktion von w. Wegen $g(0) = 1$ hat
$h(z) = g(z) - 1$ bei $z = 0$ eine Nullstelle. Wie in 2.4.2 können wir daher eine Zerlegung
$g(z) - 1 = h(z) = (z - 0)^p q(z) = z^p q(z)$ mit $p \geq 1$ und $q(0) \neq 0$ vornehmen. Folglich ist

$$1 \leq |g(z)|^2 = |1 + z^p q(z)|^2 = (1 + z^p q(z)) \cdot \overline{(1 + z^p q(z))} = (1 + z^p q(z)) \cdot (1 + \overline{z^p q(z)})$$

$$= 1 + (z^p q(z) + \overline{z^p q(z)}) + |z^p q(z)|^2 = 1 + 2\operatorname{Re}(z^p q(z)) + |z^p q(z)|^2 .$$

Das ergibt $0 \leq 2\operatorname{Re}(z^p q(z)) + |z^p q(z)|^2$ für alle $z \in$ **C**. Ersetzt man z durch $\frac{z}{n}$ und mul-

tipliziert man mit n^p, so folgt $0 \leq 2\operatorname{Re}(z^p q(\frac{z}{n})) + \dfrac{1}{n^p} |z^p q(\frac{z}{n})|^2$ wegen des Quadrates

im zweiten Summanden. Der Grenzübergang $n \to \infty$ ergibt

$$0 \leq 2\operatorname{Re}(z^p q(0)) \text{ für alle } z \in \mathbf{C}. \tag{$*$}$$

Wir führen dies zum Widerspruch. Die reine Gleichung $z^p = i$ ist nach 8.2.8 lösbar, es
sei u eine Lösung. Mit $z = u^0, u^1, u^2, u^3$ ergibt sich aus (*) der Reihe nach $0 \leq \operatorname{Re}(q(0))$,
$0 \leq \operatorname{Re}(i \cdot q(0)) = -\operatorname{Im}(q(0))$, $0 \leq -\operatorname{Re}(q(0))$ und $0 \leq \operatorname{Re}(-i \cdot q(0)) = \operatorname{Im}(q(0))$, was nur mit
$q(0) = 0$ verträglich ist. Das widerspricht aber der Konstruktion von q. ∎

Die reelle Version des Fundamentalsatzes

Für ganzrationale Funktionen mit durchweg reellen Koeffizienten möchte man natürlich gern eine Faktorzerlegung im Reellen konstruieren. Mit Linearfaktoren wird das nicht immer gehen, aber der folgende Satz eröffnet eine Möglichkeit:

Satz 8.4.2: Ist $f(z) = a_n z^n + \ldots + a_0$ eine ganzrationale Funktion mit durchweg *reellen*

Koeffizienten und ist $w \in \mathbf{C}$ eine Nullstelle, so ist auch $\overline{w}$ eine Nullstelle.

Beweis: Es sei $f(w) = 0$. Mit den Rechenregeln aus 8.1.8 ergibt sich dann

$$f(\overline{w}) = a_n \overline{w}^n + \ldots + a_0 = \overline{a_n w^n} + \ldots + a_0 = \overline{(a_n w^n + \ldots + a_0)} = \overline{f(w)} = \overline{0} = 0,$$

also ist auch $\overline{w}$ eine Nullstelle.   ∎

Ist also w eine *nichtreelle* Nullstelle von $f(z)$, so läßt sich sogar das Produkt $(z - w)(z - \overline{w})$ abspalten. Eine ganzrationale Funktion f vom Grad $n \geq 1$ mit durchweg reellen Koeffizienten hat nach diesem Satz und nach dem Fundamentalsatz 8.4.1 also eine Zerlegung

$$f(z) = a_n(z - z_1)^{p_1} \cdot \ldots \cdot (z - z_r)^{p_r} \cdot (z - w_1)^{q_1} \cdot (z - \overline{w_1})^{q_1} \cdot \ldots \cdot (z - w_s)^{q_s} \cdot (z - \overline{w_s})^{q_s}$$

mit einigen *reellen* Nullstellen z_j und weiteren *nichtreellen* Nullstellen $w_j, \overline{w_j}$, die dann paarweise auftreten. Dabei gilt $p_1 + \ldots + p_r + 2q_1 + \ldots + 2q_s = n$. Wir betrachten nun exemplarisch das Produkt $(z - w_1)(z - \overline{w_1})$. Setzt man $w_1 = \alpha + \mathrm{i}\,\beta$ mit $\alpha, \beta \in \mathbf{R}$, so ist

$$(z - w_1)(z - \overline{w_1}) = [(z - \alpha) - \mathrm{i}\,\beta][(z - \alpha) + \mathrm{i}\,\beta] = (z - \alpha)^2 + \beta^2$$

ein quadratisches Polynom in z, das wegen $\beta \neq 0$ keine reellen Nullstellen, aber wenigstens reelle Koeffizienten hat. Führt man diese Zusammenfassung mit allen Faktoren der Form $(z - w_j)(z - \overline{w_j})$ aus, so erhält man schließlich:

Satz 8.4.3 (Fundamentalsatz der klassischen Algebra, reelle Version):

Es sei $f(z) = a_n z^n + \ldots + a_0$ eine ganzrationale Funktion vom Grad $n \geq 1$ mit reellen Koeffizienten a_j. Dann existiert eine Zerlegung

$$f(z) = a_n(z - z_1)^{p_1} \cdot \ldots \cdot (z - z_r)^{p_r} \cdot [(z - \alpha_1)^2 + \beta_1^2]^{q_1} \cdot \ldots \cdot [(z - \alpha_s)^2 + \beta_s^2]^{q_s}$$

mit $z_j, \alpha_j, \beta_j \in \mathbf{R}$ und $p_1 + \ldots + p_r + 2q_1 + \ldots + 2q_s = n$.

8.5   Exponential- und Sinusfunktion im Komplexen

Wir wollen nun die Exponential- und die trigonometrischen Funktionen unter Beibehaltung der typischen Rechenregeln (Additionstheoreme) auf $\mathbf{C}$ ausdehnen. Als erstaunliches Ergebnis werden wir dabei einen erst im Komplexen erkennbaren engen Zusammenhang zwischen diesen Funktionen entdecken. Wie kann nun e^z für $z \in \mathbf{C}$ definiert werden? Was sollte z.B. e^i sein? Im Abschnitt 2.3 haben wir die Exponentialfunktionen $f(x) = a^x$ durch schrittweise Erweiterung des Definitionsbereiches von $\mathbf{N}$ auf $\mathbf{R}$ unter maßgeblicher Verwendung von Monotonieeigenschaften definiert. Wegen des Fehlens einer Ordnung in $\mathbf{C}$ versagt hier aber diese Methode. Ebenso ist der monotone Approximationssatz 3.5.1 nicht verallgemeinerungsfähig. Zum Glück haben wir noch die Potenzreihendarstellung der Exponentialfunktion (siehe 4.4 oder 6.6.6), und Formeln dieser Art lassen sich problemlos in das Komplexe übertragen. Wir definieren also:

Definition 8.5.1 (Die komplexe Exponential-, Sinus- und Kosinusfunktion):

$$e^z = \sum_{k=0}^{\infty} \frac{z^k}{k!} \quad \text{für } z \in \mathbf{C},$$

$$\sin z = \sum_{k=0}^{\infty} \frac{(-1)^k}{(2k+1)!} z^{2k+1} \quad \text{für } z \in \mathbf{C},$$

$$\cos z = \sum_{k=0}^{\infty} \frac{(-1)^k}{(2k)!} z^{2k} \quad \text{für } z \in \mathbf{C}.$$

Die absolute Konvergenz der Reihen auf ganz $\mathbf{C}$ ist gesichert, da der Konvergenzradius in allen Fällen $R = \infty$ ist. Durch Wiederholung der Rechnung zum Beweis der Formel $\exp(x + y) = \exp(x) \cdot \exp(y)$ in 4.4 und durch eine analoge Betrachtung für die Sinus- und Kosinusreihe beweist man die Gültigkeit der Additionstheoreme in $\mathbf{C}$:

Satz 8.5.2: Für alle $z_1, z_2 \in \mathbf{C}$ gelten

$$e^{z_1 + z_2} = e^{z_1} \cdot e^{z_2} \quad \text{und} \quad \sin(z_1 + z_2) = \sin z_1 \cos z_2 + \cos z_1 \sin z_2.$$

Nun das angekündigte Wechselspiel dieser Funktionen:

Satz 8.5.3 (Eulersche Formel): Es gilt $e^{iz} = \cos z + i \sin z$ für alle $z \in \mathbf{C}$.

Beweis: Durch Trennung gerader und ungerader Indizes in der Exponentialreihe folgt

$$e^{iz} = \sum_{k=0}^{\infty} \frac{(iz)^k}{k!} = \sum_{n=0}^{\infty} \frac{(iz)^{2n}}{(2n)!} + \sum_{n=0}^{\infty} \frac{(iz)^{2n+1}}{(2n+1)!} = \sum_{n=0}^{\infty} \frac{i^{2n} z^{2n}}{(2n)!} + \sum_{n=0}^{\infty} \frac{i \cdot i^{2n} \cdot z^{2n+1}}{(2n+1)!}$$

$$= \sum_{n=0}^{\infty} \frac{(-1)^n z^{2n}}{(2n)!} + i \sum_{n=0}^{\infty} \frac{(-1)^n z^{2n+1}}{(2n+1)!} = \cos z + i \sin z. \qquad \blacksquare$$

Aufgaben und Ergänzungen

Aufgabe 8.5.4: Beweisen Sie die Formel $e^{2k\pi i} = 1$ für alle $k \in \mathbf{Z}$!

Aufgabe 8.5.5: Beweisen Sie die Formeln
$\sin(-z) = -\sin z$ und $\cos(-z) = \cos z$ für alle $z \in \mathbf{C}$!

Aufgabe 8.5.6: Beweisen Sie die Formeln

a) $\cos z = \dfrac{e^{iz} + e^{-iz}}{2}$ und $\sin z = \dfrac{e^{iz} - e^{-iz}}{2i}$ für alle $z \in \mathbf{C}$,

b) $\cos(i) = \dfrac{e + e^{-1}}{2} \in \mathbf{R}$ und $\sin(i) = \dfrac{e - e^{-1}}{2} i$!

Die graphische Darstellung komplexer Funktionen:

Als wichtiges Instrument bei der Untersuchung von Funktionen hat sich ihre graphische Darstellung erwiesen. Für reelle Funktionen $f: \mathbf{R} \to \mathbf{R}$ ist der Graph eine Teilmenge (Kurve) der Ebene $\mathbf{R}^2 = \mathbf{R} \times \mathbf{R}$. Für komplexe Funktionen $f: \mathbf{C} \to \mathbf{C}$ wird der Graph eine Teilmenge von $\mathbf{C}^2 = \mathbf{C} \times \mathbf{C} \cong \mathbf{R}^2 \times \mathbf{R}^2 \cong \mathbf{R}^4$ sein, und die zeichnerische Darstellung ist kaum möglich. Zerlegt man aber die Funktion f in ihren Real- und Imaginärteil, so erhält man die Funktionen $\operatorname{Re} f: \mathbf{C} \to \mathbf{R}$ und $\operatorname{Im} f: \mathbf{C} \to \mathbf{R}$, deren Graphen als Teilmengen (Flächen) von $\mathbf{C} \times \mathbf{R} \cong \mathbf{R}^3$ dargestellt werden können. Wir betrachten ein Beispiel:

Beispiel 8.5.7: Wir möchten den Realteil der komplexen Exponentialfunktion $f(z) = e^z$ graphisch darstellen. Es sei also $g(z) = \operatorname{Re}(f(z)) = \operatorname{Re}(e^z)$. Für $z = x + iy$ ist

$$e^z = e^{x+iy} = e^x e^{iy} = e^x (\cos y + i \sin y).$$

Also ist g durch die Zuordnung

$$z = x + iy \mapsto g(z) = \operatorname{Re}(e^z) = e^x \cdot \cos y \text{ für alle } x, y \in \mathbf{R} \text{ gegeben.}$$

Der Graph von $g: \mathbf{C} \to \mathbf{R}$ ist nebenstehend angegeben. Längs der reellen Achse ($y = 0$) findet man das Bild der reellen Exponential-funktion wieder, längs der imaginären Achse ($x = 0$) zeigt der Graph die Periodizität des reellen Kosinus. Das veranschaulicht noch-mals die engen Beziehungen zwischen den Funktionen e^z, $\sin z$ und $\cos z$ im Komple-xen. Für das Zeichnen solcher Graphen ver-wendet man am besten geeignete Computer-programme.

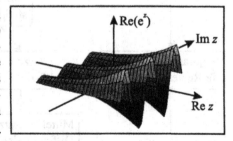

Fig. 8.5.1: Graph von $\operatorname{Re}(e^z)$

Aufgabe 8.5.8: Wie sieht die graphische Darstellung von $\operatorname{Re}(f)$ für $f(z) = z^2$ aus ?

Die logische Abhängigkeit der zentralen Sätze

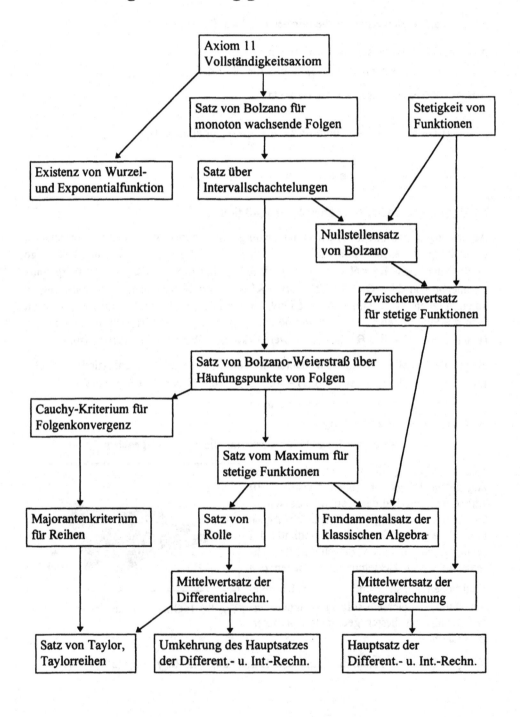

Lösungen der Aufgaben

A1.1.4: Angenommen, es wäre $x^{-1} \leq 0$. Dann ergibt die Multiplikation mit $x > 0$ den Widerspruch $1 \leq 0$.

A1.1.5: a) Für $n = 0$ ist die Behauptung trivial, für $n \geq 1$ gilt wegen der Kommutativität und Assoziativität der Addition

$$\sum_{i=0}^{n} a_i + \sum_{i=0}^{n} b_i = (a_0 + \ldots + a_n) + (b_0 + \ldots + b_n) = (a_0 + b_0) + \ldots + (a_n + b_n).$$ b) folgt analog

aus der Assoziativität. c) ist trivial, da links und rechts die *gleichen* Zahlen addiert werden.

A1.1.6: Beweis durch vollständige Induktion über n: I.A. (n=0): $0 = 0$. I.S. ($n \to n+1$): Es

ist $\displaystyle\sum_{i=1}^{n+1} i = \sum_{i=1}^{n} i + (n+1) = \frac{n(n+1)}{2} + (n+1) = \frac{n(n+1) + 2(n+1)}{2} = \frac{(n+2)(n+1)}{2}$.

A1.1.7: Die Polynomdivision ergibt $(x^n - a^n):(x - a) = x^{n-1} + x^{n-2}a + \ldots + a^{n-1}$.

A1.1.8: Im Fall $n = p$ folgt $1 = 1$. Es sei $n > p$. Für $p = 0$ ist $\binom{n}{0} + \binom{n}{1} = 1 + n = \binom{n+1}{1}$.

Für $p > 0$ ist $\binom{n}{p+1} = \binom{n}{p} \cdot \frac{n-p}{p+1}$, also $\binom{n}{p} + \binom{n}{p+1} = \binom{n}{p}\left(1 + \frac{n-p}{p+1}\right) = \binom{n}{p}\frac{n+1}{p+1} = \binom{n+1}{p+1}$.

A1.1.9: Ausmultiplizieren ergibt Produkte der Form $x^{n-j}y^j$. Dabei tritt jedes dieser Produkte so oft auf, wie man aus den n Klammerausdrücken jeweils j Ausdrücke zur Auswahl von y markieren kann. Das sind $\binom{n}{j}$ Möglichkeiten. Alternativer Beweis: Vollständige Induktion und Verwendung von A1.1.8.

A1.2.4: a) 1, b) 2, (2 ist auch das Maximum).

A1.2.5: a) Ja, b) Kein Maximum, aber sup $A = 0$. c) Kein Maximum, aber sup $A = \pi/2$. d) $f(x) = x^2 - 4x + 6$ hat Scheitel bei $x_s = 2$, also inf $\{f(x): x \in \mathbf{R}\} = f(x_s) = 2$.

A1.2.6: a) $x = \inf A \Leftrightarrow x$ ist eine untere Schranke von A, und für jede weitere Schranke x' von A gilt $x \geq x' \Leftrightarrow x$ ist eine untere Schranke von A, und für jedes $\varepsilon > 0$ existiert ein $a \in A$ mit $a < x + \varepsilon$. b) Aus $c \leq a$ für alle $a \in A$ folgt $-c \geq b$ für alle $b \in B$. Ist daher c die größte untere Schranke von A, so ist $-c$ die kleinste obere Schranke von B und umgekehrt. c) folgt aus b).

A1.2.7: Übertragen Sie den Beweis zu 1.2.2!

A1.2.8: Folgt aus 1.2.3 mit $b = 1$ und nach Division durch n.

A1.4.3: Mit $x_0 = 4$ ist $x_0^2 \geq 10$. Die Iteration ergibt $x_1 = 3.25$ und $x_2 = 3.16$. Wegen

$x_1 - \sqrt{10} < x_1 - 3.1 = 0.15$ ist $x_2 - \sqrt{10} \le 0.5 \cdot 0.15^2 \approx 0.01$, also $\sqrt{10} = 3.16 \pm 0.01$.

A1.4.4: $w = \sqrt[n]{a} \cdot \sqrt[n]{b}$ löst $w^n = a \cdot b$ wegen $w^n = (\sqrt[n]{a} \cdot \sqrt[n]{b})^n = \left(\sqrt[n]{a}\right)^n \cdot \left(\sqrt[n]{b}\right)^n = a \cdot b$. Wegen der Eindeutigkeit der Wurzel ist daher $\sqrt[n]{ab} = \sqrt[n]{a} \cdot \sqrt[n]{b}$. Ebenso löst $w = \sqrt[n]{\sqrt[m]{a}}$ die Gleichung $w^{n \cdot m} = a$.

A1.5.4: a) $L = (\frac{7}{5}, \infty)$, b) $L = (2, \infty)$, c) $L = (-2.5, -2)$.

A1.5.5: a) $L = (-2-3, -2+3) = (-5, +1)$, b) $L = [-2, 1]$, c) $L = (-\infty, 0.5) \cup (2.5, \infty)$.

A1.5.7: a) $L = \bigcup\limits_{k \in \mathbf{Z}} (k\pi, (k+0.5)\pi)$, b) $L \approx (0.27, 4.73)$, c) $L = (2 - \sqrt{2}, 2) \cup (2, 2 + \sqrt{2})$.

A2.1.3: Auflösen von $y = 2x - 6$ nach x ergibt $x = 0.5y + 3$. Entsprechend $x = y^2 - 4$. Durch Vertauschen der Variablen erhält man die Gleichungen $y = 0.5x + 3$ bzw. $y = x^2 - 4$ als Funktionsgleichungen der Form $y = f^{-1}(x)$ für die Umkehrfunktionen.

A2.1.4: Nein, Nacheindeutigkeit verletzt, da sowohl $(1,1)$ als auch $(1, -1)$ zur Punktmenge gehören.

A2.2.3: Der Quotient ist genau dann positiv, wenn $\text{sgn}(f(b) - f(a)) = \text{sgn}(b - a) \ne 0$ gilt. Das ist mit der strengen Monotonie äquivalent (Fälle untersuchen!).

A2.3.4: Satz: Für $a > 1$ und $g(x) = \log_a x$ gelten: 1) $\mathbf{D}(g) = (0,\infty)$, 2) g ist streng monoton wachsend, 3) $g(x \cdot y) = g(x) + g(y)$, 4) $\mathbf{W}(g) = \mathbf{R}$.

A2.3.8: $C = 9$, $\alpha = 2 \cdot \ln 6 \approx 3.6$.

A2.3.9: Setzen Sie die Definitionsgleichungen in die rechte Seite der Additionstheoreme ein und formen Sie um.

A2.4.6: Wären f und g nicht wertverlaufsgleich, so wäre die ganzrationale Funktion $h = f - g$ vom Grad $\le n$, hätte nach Voraussetzung aber $n + 1$ Nullstellen. Das ist ein Widerspruch zu 2.4.3.

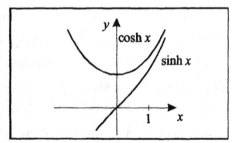

Fig. A.2.3.9: Hyperbolische Funktionen

A2.5.2: a1) $\cos 0 = 1$ folgt aus 2.5.1b) mit $u = \pi/2$ und $v = 0$. c) Mit $u = v$ und $\cos(u - v) = \cos 0 = 1$ folgt die Formel c) aus 2.5.1b). a2) $\cos \pi/2 = 0$ folgt nun aus 2.5.2c). b) folgt aus 2.5.1b) mit $u = 0$.

A2.5.4: Wegen 2.5.1c) sind sin und cos auf dem Intervall $(0, \frac{\pi}{2})$ positiv. Die Ungleichung $\sin s - \sin t > 0$ ist daher wegen 2.5.3 mit $s - t > 0$ äquivalent. Die Monotonie auf $(-\frac{\pi}{2}, 0)$ folgt aus 2.5.2b).

A2.5.6: Es seien $x \in [-1, 1]$ und $v = \arccos x$. Mit 2.5.1 ist $\sin(\frac{\pi}{2} - v) = \cos v = x$. Wegen $\frac{\pi}{2} - v \in [-\frac{\pi}{2}, \frac{\pi}{2}]$ folgt $\frac{\pi}{2} - v = \arcsin x$. Daher ist $\arcsin x + v = \frac{\pi}{2}$.

A3.1.4: Für die Quotienten benachbarter Folgenglieder gilt wegen $c > 1$ für alle $n \geq 1$

$$\frac{b_{n+1}}{b_n} = \frac{c^{\frac{1}{n+1}}}{c^{\frac{1}{n}}} = c^{\frac{1}{n+1} - \frac{1}{n}} = c^{\frac{n-(n+1)}{n(n+1)}} = c^{-\frac{1}{n(n+1)}} < 1.$$ Daher ist $b_{n+1} < b_n$ für alle $n \geq 1$.

A3.1.5: Für die Quotienten gilt $\dfrac{a_{n+1}}{a_n} = \dfrac{(n+1)2^{-(n+1)}}{n 2^{-n}} = \dfrac{n+1}{2n} \leq 1$ für alle $n \geq 1$. Hieraus folgt $a_{n+1} \leq a_n$ für alle $n \geq 1$.

A3.1.6: Für die Quotienten gilt $\dfrac{(n+1)^2 2^{-(n+1)}}{n^2 \, 2^{-n}} = \dfrac{1}{2}\left(\dfrac{n+1}{n}\right)^2 < 1$ für $n > 2$. Also $p = 3$.

A3.1.7: Wir zeigen zuerst $a_n \leq b_n$ für alle $n \in \mathbf{N}$. Für beliebige $a, b > 0$ gilt $\sqrt{ab} \leq \dfrac{a+b}{2}$, denn setzt man $s = \sqrt{a}$ und $t = \sqrt{b}$, so folgt diese Ungleichung durch Umstellen aus der Beziehung $0 \leq (s-t)^2 = s^2 - 2st + t^2 = a+b - 2\sqrt{ab}$. Nach Definition von a_n und b_n gilt daher $a_n \leq b_n$ für alle $n \in \mathbf{N}$. Zur Monotonie der Folgen: Wegen $a_n \leq b_n$ sind $\dfrac{a_{n+1}}{a_n} = \dfrac{\sqrt{a_n b_n}}{a_n} = \sqrt{\dfrac{b_n}{a_n}} \geq 1$ und $b_{n+1} - b_n = \dfrac{a_n + b_n}{2} - b_n = \dfrac{1}{2}(a_n - b_n) \leq 0$ für alle $n \in \mathbf{N}$, und hieraus folgen $a_{n+1} \geq a_n$ und $b_{n+1} \leq b_n$.

A3.1.8: Induktiv zeigt man $a_n \leq 2$ für alle $n \in \mathbf{N}$: In der Tat folgt aus $a_n \leq 2$ auch $a_{n+1} = \sqrt{2 + a_n} \leq \sqrt{2+2} = 2$, während $a_0 \leq 2$ als Induktionsanfang trivial ist. Zur Monotonie: $\dfrac{a_{n+1}^2}{a_n^2} = \dfrac{2 + a_n}{a_n^2} \geq \dfrac{a_n + a_n}{a_n^2} = \dfrac{2}{a_n} \geq 1$ für alle n, also auch $\dfrac{a_{n+1}}{a_n} \geq 1$.

A3.1.9: Es ist $\binom{n}{k} \cdot \dfrac{1}{n^k} = \dfrac{n \cdot \ldots \cdot (n-k+1)}{k!} \cdot \dfrac{1}{n^k} = \dfrac{n \cdot \ldots \cdot (n-k+1)}{n \cdot \ldots \cdot n} \cdot \dfrac{1}{k!} \leq \dfrac{1}{k!} \leq \dfrac{1}{2 \cdot \ldots \cdot 2} = 2^{-k+1}$.

A3.1.10: $\dfrac{a_n}{a_{n-1}} = \left(\dfrac{n+1}{n}\right)^n \cdot \left(\dfrac{n-1}{n}\right)^{n-1} = \left[\dfrac{n+1}{n} \cdot \dfrac{n-1}{n}\right]^n \cdot \dfrac{n}{n-1} = \left[\dfrac{n^2 - 1}{n^2}\right]^n \cdot \dfrac{n}{n-1} =$

$= \left[1 - \dfrac{1}{n^2}\right]^n \cdot \dfrac{n}{n-1} \geq \left[1 - n \cdot \dfrac{1}{n^2}\right] \cdot \dfrac{n}{n-1} = \left[1 - \dfrac{1}{n}\right] \cdot \dfrac{n}{n-1} = \dfrac{n-1}{n} \cdot \dfrac{n}{n-1} = 1$ unter Verwendung der Bernoullischen Ungleichung mit $h = -\dfrac{1}{n^2}$.

A3.1.11: $a_n = \left(1 + \dfrac{1}{n}\right)^n = \sum_{k=0}^{n} \binom{n}{k} \dfrac{1}{n^k} \leq \sum_{k=0}^{n} \dfrac{1}{k!} = 1 + \sum_{k=1}^{n} \dfrac{1}{k!} \leq 1 + \sum_{k=0}^{n-1} 2^{-k} \leq 1 + 2 = 3$

unter Verwendung der binomischen Formel, der Ungleichung aus A3.1.9 und der Formel 1.1.7 für die geometrische Summe. Mit feinerer Abschätzung gilt für alle $n \geq 2$:

$$2.25 = a_2 \leq a_n \leq \sum_{k=0}^{n} \frac{1}{k!} \leq 1 + 1 + \frac{1}{2} + \frac{1}{3}\left(2^{-1} + 2^{-2} + \ldots\right) \leq 2 + \frac{1}{2} + \frac{1}{3} = 2 + \frac{5}{6} < 2.9 \;.$$

A3.2.6: a) $\left|\dfrac{2n}{n-1} - 2\right| = \left|\dfrac{2n - 2n + 2}{n-1}\right| = \dfrac{2}{n-1} < \varepsilon$ für $n > \dfrac{2}{\varepsilon} + 1$, b) Sei $n \geq 4$. Dann ist

$\left|\dfrac{3n^2 + n - 1}{n^2 + 1} - 3\right| = \left|\dfrac{n - 1 - 3}{n^2 + 1}\right| \leq \dfrac{n}{n^2} = \dfrac{1}{n} < \varepsilon$ für $n > \dfrac{1}{\varepsilon}$, c) $\left|\dfrac{n}{\sqrt{n^2 + 1}} - 1\right| = \left|\dfrac{n - \sqrt{n^2 + 1}}{\sqrt{n^2 + 1}}\right| \leq$

$$\leq \frac{\left|(n - \sqrt{n^2 + 1})(n + \sqrt{n^2 + 1})\right|}{\sqrt{n^2 + 1}} = \frac{|n^2 - (n^2 + 1)|}{\sqrt{n^2 + 1}} = \frac{1}{\sqrt{n^2 + 1}} \leq \frac{1}{n} < \varepsilon \text{ für } n > \frac{1}{\varepsilon} \;.$$

d) $|q^n| = |q|^n < \varepsilon$ für $n \cdot \ln|q| < \ln|\varepsilon|$, also für $n > \dfrac{\ln|\varepsilon|}{\ln|q|}$. ($\ln|q| < 0$ wegen $|q| < 1$!)

A3.2.7: $|a_n| = \dfrac{n}{\sqrt{n} + 1} \geq \dfrac{n}{2\sqrt{n}} = \dfrac{1}{2}\sqrt{n}$ für alle n. Also ist (a_n) nicht beschränkt, folglich nicht konvergent.

A3.2.8: a) Mit $m = \text{Int}(\frac{n}{2})$ gilt $|a_n| = \dfrac{n!}{n^n} \leq \dfrac{1 \cdot \ldots \cdot m}{(2m) \cdot \ldots \cdot (2m)} \leq \left(\dfrac{1}{2}\right)^m \to 0$ für $m, n \to \infty$,

b) $|b_n| = \sqrt{n+1} - \sqrt{n} = \dfrac{(\sqrt{n+1} - \sqrt{n})(\sqrt{n+1} + \sqrt{n})}{\sqrt{n+1} + \sqrt{n}} = \dfrac{(n+1) - n}{\sqrt{n+1} + \sqrt{n}} \leq \dfrac{1}{\sqrt{n}} \to 0$,

c) Es sei $x \geq 0$ fixiert. Wir wählen eine Zahl m mit $\dfrac{x}{m} \leq \dfrac{1}{2}$. Nun sei $j \geq 0$ und $n = m + j$.

Dann gilt $0 \leq \dfrac{x^n}{n!} = \dfrac{x^{m+j}}{(m+j)!} \leq \dfrac{x^m}{m!} \cdot \dfrac{x^j}{m^j} \leq x^m \cdot \dfrac{1}{2^j} = x^m \cdot 2^m \cdot 2^{-n} \to 0$ für $n \to \infty$.

A3.2.9: a) Es seien $a_n \to 0$ und $b_n \to 0$. Zu beliebigem $\varepsilon > 0$ existiert ein n_0 mit $|a_n| < \varepsilon/2$ und $|b_n| < \varepsilon/2$ für alle $n \geq n_0$. Folglich ist $|a_n \pm b_n| \leq |a_n| + |b_n| < \varepsilon$ für alle $n \geq n_0$. Das zeigt $a_n \pm b_n \to 0$. b) Dominanzkriterium anwenden: Es sei $a_n \to 0$, und es sei $|b_n| \leq K$ für alle $n \in \mathbf{N}$. Dann gilt $|a_n \cdot b_n| \leq K \cdot |a_n| \to 0$, also folgt $a_n \cdot b_n \to 0$.

A3.3.6: a) $\sqrt[n]{2n} = \sqrt[n]{2} \cdot \sqrt[n]{n} \to 1 \cdot 1 = 1$, b) für $n \geq 3$ gilt $1 \leq n^2 + 2n - 5 \leq n^2 + 2n \leq 3n^2 \leq n^3$, und hieraus folgt $1 \leq \sqrt[n]{n^2 + 2n - 5} \leq \sqrt[n]{n^3} = (\sqrt[n]{n})^3 \to 1^3 = 1$. Nun Einschließungskriterium anwenden.

A3.3.8: a) $\lim\limits_{n} \dfrac{3n^4 + 1}{2n^4 + n} = \lim\limits_{n} \dfrac{3 + \frac{1}{n^4}}{2 + \frac{n}{n^4}} = \dfrac{3}{2}$, b) $\lim\limits_{n} \dfrac{n\sqrt[n]{3} + 1}{2n + 1} = \lim\limits_{n} \dfrac{\sqrt[n]{3} + \frac{1}{n}}{2 + \frac{1}{n}} = \dfrac{1}{2}$,

c) $\lim\limits_{n} \sqrt{\dfrac{3n}{4n+2}} = \sqrt{\lim\limits_{n} \dfrac{3n}{4n+2}} = \sqrt{\lim\limits_{n} \dfrac{3}{4+\frac{2}{n}}} = \sqrt{\dfrac{3}{4}}$,

d) $\lim\limits_{n}\left(\lg \dfrac{n}{n+1} \right) = \lg\left(\lim\limits_{n} \dfrac{n}{n+1} \right) = \lg 1 = 0$. (Für c) und d) wurde 3.3.3 verwendet.)

A3.4.4: a) Es seien $a_n = \dfrac{n-7}{n+2}$ und $b_n = \dfrac{n+3}{n+2}$. Die Bedingungen aus 3.4.2 sind zu prüfen: Durch äquivalente Umformung ergibt sich

$$a_n \leq a_{n+1} \Leftrightarrow \dfrac{n-7}{n+2} \leq \dfrac{n+1-7}{n+1+2} \Leftrightarrow (n-7)(n+3) \leq (n-6)(n+2) \Leftrightarrow n^2 - 4n - 21 \leq n^2 - 4n - 12,$$

und die letzte Ungleichung ist für alle $n \in \mathbb{N}$ gültig. Also ist (a_n) monoton wachsend. Entsprechend für (b_n) vorgehen. Weiter ist $b_n - a_n = \dfrac{n+3}{n+2} - \dfrac{n-7}{n+2} = \dfrac{n+3-n+7}{n+2}$

$= \dfrac{10}{n+2}$. Das zeigt $b_n - a_n > 0$ und $b_n - a_n \to 0$. Also ist $(a_n \mid b_n)$ eine Intervallschachtelung. Analoges Vorgehen für Aufgabe b).

A3.4.5: Es sind $a_{n+1} = a_n + \dfrac{1}{2n+1} - \dfrac{1}{2n+2} > a_n$, $b_{n+1} = b_n - \dfrac{1}{2n+2} + \dfrac{1}{2n+3} < b_n$

und $0 < b_n - a_n = \dfrac{1}{2n+1} \to 0$. Daher ist $(a_n \mid b_n)$ eine Intervallschachtelung, und es existieren $\lim\limits_{n} a_n = \lim\limits_{n} b_n$.

A3.4.6: Wir zeigen zunächst $c \leq b_n^2$ für alle $n \in \mathbb{N}$. Für $n = 0$ ist das wegen $1 < c < c^2 = b_0^2$ klar. Für $n \geq 1$ gilt $2b_n = a_{n-1} + b_{n-1}$, also $4b_n^2 = (a_{n-1} + b_{n-1})^2$. Wir benutzen nun die für beliebige Zahlen $a, b \geq 0$ gültige Abschätzung $(a+b)^2 \geq 4ab$, die aus $0 \leq (a-b)^2 = a^2 - 2ab + b^2$ nach Addition von $4ab$ folgt. Damit ergibt sich

$$4b_n^2 = (a_{n-1} + b_{n-1})^2 \geq 4a_{n-1}b_{n-1} = 4\dfrac{c}{b_{n-1}}b_{n-1} = 4c, \quad \text{also wie gewünscht } b_n^2 \geq c.$$

Hieraus folgt nun $b_n^2 \geq c = a_n \cdot b_n$, also $b_n \geq a_n$ für alle $n \in \mathbb{N}$. Damit ergibt sich

$b_{n+1} = \dfrac{a_n + b_n}{2} \leq \dfrac{b_n + b_n}{2} = b_n$ für alle $n \in \mathbf{N}$. Hieraus folgt $a_{n+1} = \dfrac{c}{b_{n+1}} \geq \dfrac{c}{b_n} = a_n$.

Schließlich ist $0 < b_{n+1} - a_{n+1} \leq b_{n+1} - a_n = \dfrac{b_n + a_n}{2} - a_n = \dfrac{1}{2}(b_n - a_n)$, und hieraus

folgt $0 < b_{n+1} - a_{n+1} \leq 2^{-n}(b_0 - a_0) = 2^{-n}(c-1) \to 0$. Damit ist $(a_n \mid b_n)$ eine Inter-

vallschachtelung. Aus $c \leq b_n^2$ folgt $a_n^2 = \dfrac{c^2}{b_n^2} = c \cdot \dfrac{c}{b_n^2} \leq c \cdot 1 = c$. Also ist $a_n \leq \sqrt{c} \leq b_n$

für alle $n \in \mathbf{N}$. Somit gilt $\lim a_n = \lim b_n = \sqrt{c}$.

Wir berechnen nun $\sqrt{3}$. Es sind $b_0 = 3$, $b_1 = 2$, $b_2 = 1.75$, $b_3 \approx 1.7321$, $a_0 = 1$, $a_1 = 1.5$,

$a_2 \approx 1.71$, $a_3 \approx 1.7320$. Wegen $b_3 - a_3 \leq 10^{-4}$ gilt daher die Fehlerabschätzung

$$\sqrt{3} = a_3 \pm 10^{-4} = 1.7320 \pm 10^{-4}.$$

A3.5.2: Es seien $a_n = \left(1 + \dfrac{1}{n}\right)^n$ und $b_n = \left(1 + \dfrac{1}{n}\right)^{n+1}$. Wir haben $a_n \uparrow e$ bereits gezeigt.
Entsprechend zeigt man unter Verwendung der Bernoullischen Ungleichung, daß (b_n) monoton fällt. Es gilt nämlich

$$\frac{b_{n-1}}{b_n} = \left(\frac{n}{n-1}\right)^n \cdot \left(\frac{n}{n+1}\right)^{n+1} = \left(\frac{n^2}{n^2-1}\right)^n \cdot \frac{n}{n+1} = \left(1 + \frac{1}{n^2-1}\right)^n \cdot \frac{n}{n+1}$$

$$\geq \left(1 + \frac{n}{n^2-1}\right) \cdot \frac{n}{n+1} \quad \geq \left(1 + \frac{1}{n}\right) \cdot \frac{n}{n+1} = 1 \text{ für alle } n \in \mathbf{N}^* \text{ mit } n \neq 1.$$

Schließlich ist $b_n - a_n = \left(1 + \dfrac{1}{n}\right)^n \left(1 + \dfrac{1}{n} - 1\right) \leq 3 \cdot \dfrac{1}{n} \to 0$. Für $n = 3000$ ergibt sich

somit $|e - a_n| \leq |b_n - a_n| \leq 10^{-3}$, also $e = a_{3000} \pm 10^{-3} = 2{,}718 \pm 10^{-3}$.

A3.5.3: Es ist $K_n^{(n)} = K_0 \cdot \left(1 + \dfrac{z}{n}\right)^n$, also $\lim_n K_n^{(n)} = K_0 \cdot e^z \approx 1.0513 \cdot K_0$. Kontinuierliche Verzinsung bringt gegenüber jährlicher Verzinsung einen 0.13 % höheren Zins.

A3.5.4: Durch Gleichsetzung von $y(t_0) = y(0)e^{-\lambda t_0}$ und $y(t_0) = y(0)/2$ ergibt sich

$e^{-\lambda t_0} = 0.5$, also $-\lambda t_0 = \ln 0.5 = -\ln 2$. Somit ist $\lambda = \dfrac{\ln 2}{t_0}$.

A3.5.5: Es sei t_1 das Alter des Fundstückes. Dann ist $y(t_1) = y(0) e^{-\lambda t_1} = 0.3 \cdot y(0)$,

also $e^{-\lambda t_1} = 0.3$. Hieraus folgt $-\lambda t_1 = \ln 0.3 \approx -1.20$ und $t_1 = -\dfrac{\ln 0.3}{\lambda} \approx 10000$ Jahre.

A3.6.4: $\varliminf\limits_{n} a_n = -2, \varlimsup\limits_{n} a_n = +2$, keine weiteren Häufungspunkte.

A3.6.6: a) Trivial. b) Die Teilfolge wird induktiv konstruiert. Zu $\varepsilon_1 = 1$ existiert ein Folgenglied a_{n_1} mit $|a^* - a_{n_1}| \leq 1$. Es seien $a_{n_1}, \ldots, a_{n_k}$ mit $n_1 < n_2 < \ldots < n_k$ und $|a^* - a_{n_j}| \leq \frac{1}{j}$ für alle $j \leq k$ schon konstruiert. Da a^* ein Häufungspunkt ist, existieren wiederum unendlich viele Folgenglieder a_n mit $|a^* - a_n| < \frac{1}{k+1}$. Wir wählen einen Index n mit $n > n_k$ aus und nennen ihn n_{k+1}. Dann erfüllt die so konstruierte Teilfolge (a_{n_k}) die Bedingung $|a^* - a_{n_k}| < \frac{1}{k}$ für alle $k \in \mathbf{N}^*$, und das zeigt $a_{n_k} \to a^*$.

c) Die Bedingung ist mit $\varliminf\limits_{n} a_n = \varlimsup\limits_{n} a_n$ gleichwertig.

A3.6.7: Es sei $x \geq 0$ gegeben. Für jedes $\varepsilon > 0$ enthält das Intervall $(x - \varepsilon, x + \varepsilon)$ dann wegen 1.3.2 unendlich viele Brüche der Form m/n. Also ist x ein Häufungspunkt.

A3.7.5: $123/999$; $123456789/999999999$; $29/90$; $6357/990$.

A3.8.3: a) Nach Umformung ist $g(x) = -\frac{1}{2}(x-1)^2 + \frac{a+1}{2}$. Also ist g eine nach unten geöffnete Parabel mit Scheitel bei $x_S = 1$. Somit ist g auf $(-\infty, 1)$ monoton steigend, und für $\frac{a}{2} \leq x \leq 1$ folgt $\frac{a}{2} \leq \frac{a}{2} + \frac{a}{2} - \frac{a^2}{8} = g\left(\frac{a}{2}\right) \leq g(x) \leq g(1) = \frac{a+1}{2} \leq 1$. Also bildet g das Intervall I in sich ab. Für $x, y \in I$ gilt schließlich

$$|g(x) - g(y)| = \left|x - y - \frac{x^2 - y^2}{2}\right| = |x-y| \cdot \left|1 - \frac{x+y}{2}\right| \leq |x-y| \cdot \left|1 - \frac{a/2 + a/2}{2}\right| = |x-y| \cdot \left|1 - \frac{a}{2}\right|.$$

Somit ist $q = 1 - \frac{a}{2} < 1$ eine Kontraktionskonstante.

b) Für den Fixpunkt x^* von g gilt $x^* = g(x^*) = x^* - \frac{x^{*2} - a}{2}$. Hieraus folgt $x^{*2} - a = 0$. Also ist $x^* = \sqrt{a}$.

c) Hier gilt $x_{j+1} = x_j - \frac{x_j^2 - a}{2}$, in 1.4 (**) wurde $x_{j+1} = x_j - \frac{x_j^2 - a}{2x_j}$ verwendet. Mit unserer Formel erhalten wir nur „lineare" Konvergenz: Die Zahl der gültigen Stellen nimmt bei jedem Iterationsschritt linear zu.

A3.8.4: Aus $e^x = x^k$ folgt mit $x = k \cdot t$ nach Logarithmieren die Gleichung $t = \ln k + \ln t$. Die Funktion $g(t) = \ln k + \ln t$ ist monoton wachsend, und für $k \geq 3$ ist $\ln \ln k \geq 0$. Aus

$\ln k \le t \le k$ folgt somit $\ln k \le g(\ln k) \le g(t) \le g(k) = 2 \ln k \le k$. Daher bildet g das Intervall $[\ln k, k]$ in sich ab. Kontraktionsbedingung: Aus $1 + x \le e^x$ für alle $x \ge 0$ folgt $\ln(1+x) \le x$. Für $u, v \in [\ln k, k]$ mit $u \le v$ folgt hieraus $|\ln v - \ln u| = \ln \dfrac{v}{u} = \ln \dfrac{u+(v-u)}{u}$

$= \ln\left(1 + \dfrac{v-u}{u}\right) \le \dfrac{v-u}{u} \le \dfrac{1}{\ln k}|v-u|$. Also ist $q = \dfrac{1}{\ln k} < 1$ eine Kontraktionskonstante.

Die Iteration für $k = 20$ und $t_0 = 20$ ergibt $t_7 \approx 4.500$. Hieraus folgt $x^* \approx 20 \cdot t_7 \approx 90.0$.

A4.1.5: Es ist $s_n = \displaystyle\sum_{k=2}^{n} \dfrac{1}{k^2-1} = \sum_{k=2}^{n} \dfrac{1}{(k+1)(k-1)} = \dfrac{1}{2}\sum_{k=2}^{n}\dfrac{1}{k-1} - \dfrac{1}{k+1} = \dfrac{1}{2}(1 + \dfrac{1}{2} + r_n)$ mit

einem Rest $r_n \to 0$. Folglich gilt $s_n \to \frac{3}{4}$.

A4.1.6: Es gilt $x_{n+1} = \displaystyle\sum_{k=0}^{n}(x_{k+1} - x_k) + x_0$. Daher konvergiert (x_n) genau dann, wenn

$(s_n) = \left(\displaystyle\sum_{k=0}^{n}(x_{k+1} - x_k) + x_0\right)$ konvergiert.

A4.1.7: Es ist $T = t_0 + 2\displaystyle\sum_{n=1}^{\infty} t_n$. Wegen $h_n = 0.95 \cdot h_{n-1} = 0.95^n \cdot h_0$ ist $t_n = \sqrt{\dfrac{2}{g}h_n}$

$= \sqrt{\dfrac{2}{g}h_0}(\sqrt{0.95})^n$. Mit 4.1.3 ergibt sich $T = \sqrt{\dfrac{2}{g}h_0}\left(1 + 2\dfrac{\sqrt{0.95}}{1 - \sqrt{0.95}}\right) \approx 35.2\,\text{s}$.

A4.2.5: Für $p \ge 2$ gilt $\displaystyle\sum_{k=1}^{n}\dfrac{1}{k^p} \le \sum_{k=1}^{n}\dfrac{1}{k^2} \le 2$, und aus 4.2.2 folgt daher die Konvergenz.

A4.2.6: $\left|\displaystyle\sum_{k=n}^{n+m}\dfrac{(-1)^{k+1}}{k}\right| = \dfrac{1}{n+1} - \dfrac{1}{n+2} + - \ldots \pm \dfrac{1}{n+m} \le \dfrac{2}{n+1} \to 0$.

A4.3.4: a) $\sqrt[k]{k \cdot 2^{-k}} = \sqrt[k]{k} \cdot 2^{-1} \to 0.5 < 1$, b) $\dfrac{|a_{k+1}|}{|a_k|} = \dfrac{k!}{(k+1)!} = \dfrac{1}{k+1} \to 0 < 1$ für $k \to \infty$,

c) $\dfrac{a_{k+1}}{a_k} = \dfrac{(k+1)!}{(k+1)^{k+1}} \cdot \dfrac{k^k}{k!} = \dfrac{k+1}{k+1} \cdot \left(\dfrac{k}{k+1}\right)^k = \dfrac{1}{\left(1 + \frac{1}{k}\right)^k} \to \dfrac{1}{e} < 1$.

A4.3.5: Man wähle eine Zahl q mit $\overline{\lim}\sqrt[k]{|a_k|} > q > 1$. Dann gelten $\sqrt[k]{|a_k|} > q$ und folglich $|a_k| > q^k$ für unendlich viele k. Wegen $q^k \to \infty$ kann daher (a_k) keine Nullfolge und die Reihe nicht konvergent sein.

A4.3.6: a) Absolut konvergent nach 4.2.3, b) konvergent nach 4.2.6, aber nicht absolut konvergent nach 4.1.8, c) divergent nach 4.1.8.

A4.3.8: Nach 1.1.8 und 1.1.9 gilt

$$e^2 = e \cdot e = \left(\sum_{k=0}^{\infty} \frac{1}{k!} \right) \cdot \left(\sum_{j=0}^{\infty} \frac{1}{j!} \right) = \sum_{k=0}^{\infty} \sum_{j=0}^{k} \frac{1}{(k-j)!} \frac{1}{j!} = \sum_{k=0}^{\infty} \frac{1}{k!} \sum_{j=0}^{k} \binom{k}{j} = \sum_{k=0}^{\infty} \frac{1}{k!} (1+1)^k = \sum_{k=0}^{\infty} \frac{2^k}{k!} .$$

A4.4.3: a) $R = 2$, $K = (-2, 2)$, b) $R = 1$, $K = [-1, 1)$, c) $R = \infty$, $K = (-\infty, \infty)$, d) $R = 1$, $K = (-1,1)$, e) $R = 0$, $K = \{0\}$. Man sagt in diesem Fall, die Reihe sei nirgends konvergent. f) Hier liegt *keine* Potenzreihe vor, 4.4.2 ist nicht anwendbar. Wegen 4.2.5 und 4.1.8 gilt $[2, \infty) \subseteq K \subseteq (1, \infty)$. Mit 7.8.6 ergibt sich $K = (1, \infty)$.

A5.1.5: ε-δ-Definition: Für $a = 0$ ist $|\sqrt{x} - \sqrt{0}| = \sqrt{x} < \varepsilon$ für $0 < x < \delta = \varepsilon^2$. Für $a \neq 0$ ist

$$|\sqrt{x} - \sqrt{a}| = \frac{|\sqrt{x} - \sqrt{a}|(\sqrt{x} + \sqrt{a})}{\sqrt{x} + \sqrt{a}} = \frac{1}{\sqrt{x} + \sqrt{a}} |x - a| \leq \frac{1}{\sqrt{a}} |x - a|. \quad \text{Mit} \quad \delta = \varepsilon \sqrt{a} \quad \text{folgt}$$

also $|\sqrt{x} - \sqrt{a}| < \varepsilon$, falls für $|x - a| < \delta$ gilt.

A5.1.6: Für $x_n = \frac{1}{n}$ gilt $x_n \to 0$, aber $\operatorname{sgn}(x_n) = 1$ strebt nicht gegen 0.

A5.1.7: a) Folgt direkt aus der Folgendefinition der Stetigkeit und den Grenzwertsätzen 3.3.2. b) Aus $x_n \to a$ folgt $f(x_n) \to f(a)$ und somit $g(f(x_n)) \to g(f(a))$ für alle Folgen (x_n) in $\mathbf{D}(g \circ f)$.

A5.1.8: Es sei $f(x) = \sum_{k=0}^{n} a_k x^k$ eine ganzrationale Funktion. Wegen 5.1.7 genügt es, die Stetigkeit der Summanden $f_k(x) = a_k x^k$ auf $\mathbf{R}$ zu untersuchen. Diese Funktionen sind aber Produkte der stetigen Funktionen $g(x) = a_k = \text{const}$ und $h(x) = x$, nach 5.1.7 also selbst stetig. Gebrochen rationale Funktionen sind Quotienten von ganzrationalen Funktionen.

A5.1.9: ($\Rightarrow$) Angenommen, f erfülle bei a nicht die Bedingung 5.1.3. Dann gibt es ein $\varepsilon > 0$ derart, daß zu jedem $\delta = \frac{1}{k}$ ein $x_k \in \mathbf{D}(f)$ mit $|x_k - a| < \frac{1}{k}$ und $|f(x_k) - f(a)| \geq \varepsilon$ existiert. Folglich gilt $x_k \to a$, aber $(f(x_k))$ konvergiert nicht gegen $f(a)$.

($\Leftarrow$) Angenommen, f erfülle die Bedingung 5.1.3. Es sei (x_n) in $\mathbf{D}(f)$ mit $x_n \to a$ gegeben. Zu $\varepsilon > 0$ existiert nach Voraussetzung ein $\delta > 0$ mit $|f(x) - f(a)| < \varepsilon$ für $|x - a| < \delta$. Wegen $x_n \to a$ ist die Bedingung $|x_n - a| < \delta$ aber fast immer erfüllt, also gilt auch fast immer $|f(x_n) - f(a)| < \varepsilon$. Das zeigt $f(x_n) \to f(a)$.

A5.2.4: a) $\lim\limits_{x \to -1} \dfrac{x^2-1}{x+1} = -2$ (Kürzen mit $x+1$), b) $\lim\limits_{x \uparrow -1} \dfrac{x}{1-x^2} = \infty$, $\lim\limits_{x \downarrow -1} \dfrac{x}{1-x^2} = -\infty$,

$\lim\limits_{x \uparrow 1} \dfrac{x}{1-x^2} = \infty$, $\lim\limits_{x \downarrow 1} \dfrac{x}{1-x^2} = -\infty$, $\lim\limits_{x \to \pm\infty} \dfrac{x}{1-x^2} = 0$, c) $\lim\limits_{x \to \pm\infty} \dfrac{x}{1+x^2} = 0$, d) Kürzen

mit $x-2$ ergibt $\lim\limits_{x \to 2} \dfrac{1}{x+2} = \dfrac{1}{4}$ und $\lim\limits_{x \uparrow -2} \dfrac{1}{x+2} = -\infty$, $\lim\limits_{x \downarrow -2} \dfrac{1}{x+2} = \infty$.

A5.2.5: a) Für $x \geq 0$ gilt $e^x = \sum\limits_{k=0}^{\infty} \dfrac{x^k}{k!} \geq \dfrac{x^{n+1}}{(n+1)!}$. Also ist $\dfrac{e^x}{x^n} \geq \dfrac{x}{(n+1)!} \to \infty$ für $x \to \infty$.

A5.2.7a: $\left| \dfrac{e^x-1}{x} - 1 \right| = \left| \left(x + \dfrac{x^2}{2!} + \dfrac{x^3}{3!} + ... \right) \cdot \dfrac{1}{x} - 1 \right| = \left| \dfrac{x}{2!} + \dfrac{x^2}{3!} + ... \right| \leq |x| \left| \dfrac{1}{2!} + \dfrac{1}{3!} + ... \right| \leq |x| e \to 0$

für $x \to 0$.

A5.2.8: Mit $t = 2x$ gilt $\lim\limits_{x \to 0} \dfrac{\sin 2x}{x} = \lim\limits_{t \to 0} \dfrac{\sin t}{t/2} = 2 \lim\limits_{t \to 0} \dfrac{\sin t}{t} = 2 \cdot 1 = 2$.

A5.3.5: Schnittpunkte bei $x_1 = -0.815 \pm 10^{-3}$, $x_2 = 1.429 \pm 10^{-3}$, $x_3 = 8.613 \pm 10^{-3}$.

A5.3.6: Würde $f(x)$ auf einem dieser Intervalle das Vorzeichen wechseln, so hätte f wegen 5.3.1 in diesem Intervall eine weitere Nullstelle. Widerspruch.

A5.4.3: a) $|a_n x^n + ... + a_0| = |x|^n \left| a_n + \dfrac{a_{n-1}}{x} + ... + \dfrac{a_0}{x^n} \right| \to \infty$ für $a_n \neq 0$ und $|x| \to \infty$.

b) Wegen $|f(x)| \to \infty$ für $|x| \to \infty$ existiert eine Zahl $K > 0$ mit $|f(x)| \geq |f(0)|$ für $|x| \geq K$. Auf dem Intervall $[-K, K]$ hat $|f|$ ein Minimum, etwa bei x_0. Für $x \in [-K, K]$ gilt dann $|f(x_0)| \leq |f(x)|$, und für $|x| > K$ gilt $|f(x_0)| \leq |f(0)| \leq |f(x)|$ erst recht. Also ist $|f(x_0)|$ der kleinste Wert von $|f|$ auf ganz $\mathbf{R}$.

A5.4.4: Nein, $\mathbf{R}$ ist kein abgeschlossenes, beschränktes Intervall.

A5.4.5: Absolutes Maximum bei $x = 2$, absolutes Minimum bei $x = 0$. Diese sind gleichzeitig auch relative Extrema. Zusätzliches relatives Maximum bei $x = -1$.

A5.5.5: Es sei L eine Lipschitz-Konstante zu f auf I. Zu gegebenem $\varepsilon > 0$ wählt man $\delta = \varepsilon/L$. Dann folgt aus $|x - x'| < \delta$ die Abschätzung $|f(x) - f(x')| \leq L|x - x'| < L \delta = \varepsilon$.

A5.5.6: $f(x) = \sqrt{x}$ ist auf $[0, 1]$ wegen 5.5.2 gleichmäßig stetig. Es gibt aber kein L mit $|\sqrt{x} - \sqrt{0}| \leq L|x - 0|$ für alle $x \in [0,1]$, denn sonst wäre $1 \leq L \cdot \sqrt{x}$ für alle $x \in [0,1]$.

A5.5.7: Die Sinusfunktion ist 2π-periodisch und auf $[0,2\pi]$ wegen 5.5.2 gleichmäßig stetig.

A5.5.8: a) Produkt: Es seien f, g Lipschitz-stetig auf $[a, b]$. Nach dem Satz vom Maximum sind f, g dann auch beschränkt auf $[a, b]$, etwa $|f| \le K_1$, $|g| \le K_2$. Für x, $x' \in [a, b]$ folgt dann mit Lipschitz-Konstanten L_f und L_g von f bzw. g:

$$\begin{aligned}
\left| f(x)g(x) - f(x')g(x') \right| &= \left| f(x)g(x) - f(x')g(x) + f(x')g(x) - f(x')g(x') \right| \\
&\le \left| f(x) - f(x') \right| \left| g(x) \right| + \left| f(x') \right| \left| g(x) - g(x') \right| \le L_f \cdot K_2 \cdot |x - x'| + K_1 \cdot L_g \cdot |x - x'| \\
&= (L_f K_2 + K_1 L_g) \cdot |x - x'|.
\end{aligned}$$

b) Es sei $F = g \circ f$. Dann ist $|F(x) - F(x')| = |g(f(x)) - g(f(x'))| \le L_g |f(x) - f(x')| \le L_g L_f |x - x'|$ für alle x, $x' \in \mathbf{D}(F)$.

A6.1.5: a) $\dfrac{x^2 - a^2}{x - a} = \dfrac{(x+a)(x-a)}{x - a} = x + a \to 2a$ für $x \to a$. b) Mit Formel 1.1.7b)

folgt $\dfrac{x^n - a^n}{x - a} = x^{n-1} + x^{n-2}a + \ldots + a^{n-1} \to na^{n-1}$ für $x \to a$. c) Durch Erweitern mit

$x \cdot a$ und Kürzen mit $x - a$ folgt $\dfrac{x^{-1} - a^{-1}}{x - a} = \dfrac{a - x}{xa(x - a)} = -\dfrac{1}{ax} \to -a^{-2}$ für $x \to a$.

A6.1.6: Der Differenzenquotient $\dfrac{|x| - |0|}{x - 0} = \dfrac{|x|}{x} = \operatorname{sgn} x$ hat für $x \to 0$ keinen Grenzwert.

A6.1.7: a) $g(x) = f(1) + f'(1)(x - 1) = 1 + 2(x - 1) = 2x - 1$

x	0.8	0.9	1.0	1.1	1.2
$f(x)$	0.64	0.81	1	1.21	1.44
$g(x)$	0.6	0.8	1	1.2	1.4
Fehler	0.04	0.01	0	0.01	0.04

b) $g(x) = f(1) + f'(1)(x - 1) = 1 - (x - 1) = 2 - x$

x	0.8	0.9	1.0	1.1	1.2
$f(x)$	1.25	1.11	1	0.91	0.83
$g(x)$	1.2	1.1	1	0.9	0.8
Fehler	0.05	0.01	0	0.01	0.03

A6.2.4: $f'(x) = -5x^4 + 6x$.

A6.2.5: $f'(x) = x^2 + 0.5x - 0.5 = 1 \Leftrightarrow x^2 + 0.5x - 1.5 = 0 \Leftrightarrow x = 1$ oder $x = -3/2$.

A6.2.6: $(x^3)' = (x \cdot x \cdot x)' = (x)' \cdot x^2 + x \cdot (x^2)' = 1 \cdot x^2 + x \cdot 2x = 3x^2$.

A6.2.7: I.A.: $n = 1$. I.S.: $n \to n+1$: $\left(x^{n+1} \right)' = \left(x \cdot x^n \right)' = (x)' \cdot x^n + x \cdot n \cdot x^{n-1} = (n+1)x^n$.

A6.2.8: $\left(\dfrac{1}{x^n} \right)' = \dfrac{0 \cdot x^n - 1 \cdot (x^n)'}{x^{2n}} = -n \cdot \dfrac{x^{n-1}}{x^{2n}} = -n \cdot \dfrac{1}{x^{n+1}}$.

A6.2.9: $f'(x) = \dfrac{1}{(1+x)^2}$ (Quotientenregel).

A6.2.11: a) $60\,x^3\,(3x^4 + 1)^4$,   b) $3(2x^2 + x)^2\,(4x + 1) - 2x$.

A6.2.14: a) $\dfrac{f(x)/g(x) - f(a)/g(a)}{x - a} = \dfrac{f(x)g(a) - f(a)g(x)}{g(x)g(a)(x - a)}$

$$= \dfrac{(f(x) - f(a))\cdot g(a) - f(a)(g(x) - g(a))}{g(x)\cdot g(a)(x - a)}$$

$$\rightarrow \dfrac{f'(a)}{g(a)} - \dfrac{f(a)g'(a)}{g(a)\cdot g(a)} = \dfrac{f'(a)g(a) - f(a)g'(a)}{g(a)^2}.$$

b) $(f(x)\cdot g(x)^{-1})' = f'(x)\cdot g(x)^{-1} + f(x)\cdot(-g(x)^{-2})\cdot g'(x) = \dfrac{f'(x)g(x) - f(x)g'(x)}{g(x)^2}$.

A6.2.15: $g(x) = \sqrt{x}$, $f(y) = y^2 \Rightarrow g'(x) = \dfrac{1}{f'(g(x))} = \dfrac{1}{2g(x)} = \dfrac{1}{2\sqrt{x}}$.

A6.2.16: $(e^x)' = \left(\displaystyle\sum_{k=0}^{\infty} \dfrac{x^k}{k!}\right)' = \displaystyle\sum_{k=1}^{\infty} \dfrac{kx^{k-1}}{k!} = \displaystyle\sum_{k=1}^{\infty} \dfrac{x^{k-1}}{(k-1)!} = \displaystyle\sum_{k=0}^{\infty} \dfrac{x^k}{k!} = e^x$ nach Indexverschiebung.

A6.3.3: a) $5x^4 + 8x - 5x^{-2}$, b) $\dfrac{x(x+2)}{(1+x)^2}$, c) $\dfrac{2(1 - x^3)}{(x^3 + 2)^2}$.

A6.3.4: a) $2xe^{x^2}$, b) $\dfrac{e^{\sqrt{x}}}{2\sqrt{x}}$, c) $2e^{2x+3}$, d) $-\dfrac{2x}{x^2 + 1}$.

A6.3.5: a) $g(x) = 2(x - 1)$, b) $g(x) = 1 + x \ln 2$.

A6.3.6: $f(x) = 2x(x - 1)$.

A6.3.7: $g(0) = f(0) = 1 \Rightarrow b = 1$, $g'(x) = f'(0) = 2 \Rightarrow a = 2$.

A6.3.8: Die Formeln resultieren aus der Zerlegungsformel.

A6.3.9: $(a^x)' = (e^{x\ln a})' = e^{x\ln a}\cdot \ln a = a^x\cdot \ln a$, $(\log_a x)' = \left(\dfrac{\ln x}{\ln a}\right)' = \dfrac{1}{\ln a}\cdot\dfrac{1}{x}$.

A6.3.10: $y' = -ke^{-kx} = -k\cdot y$. Zusatz: $y = f(x) = C\cdot e^{kx}$ mit $C \in \mathbf{R}$ löst $y' = +ky$.

A6.3.13: a) $4x\cdot \cos(2x^2+1)$, b) $e^{2x}(2x^2 + 2x)$, c) $e^{\sin x}\cos x$.

A6.3.14: Setzen Sie nach dem Differenzieren $x = \frac{1}{2}$ ein!

A6.3.15: $2\sin x \cdot \cos x + 2\cos x \cdot (\cos x)' = 0 \Rightarrow (\cos x)' = -\sin x$ für alle x mit $\cos x \neq 0$.

A6.3.16: Quotientenregel auf $\tan x = \sin x / \cos x$ anwenden.

A6.3.17: Analog zu 6.3.12 vorgehen.

A6.3.18: Für $x \neq 0$ ist $f'(x) = 2x \sin\dfrac{1}{x} - \cos\dfrac{1}{x}$, für $x = 0$ ist $f'(0) = 0$ wegen

$$\frac{f(x) - f(0)}{x - 0} = x \cdot \sin\frac{1}{x} \to 0 \text{ für } x \to 0.$$ Aber f' ist bei 0 nicht stetig.

A6.3.19: $(\sinh x)' = \dfrac{1}{2}(e^x + e^{-x}) = \cosh x$.

A6.3.20: Analog zu 6.3.12 vorgehen und $\cosh^2 x = 1 + \sinh^2 x$ aus 2.3 verwenden.

A6.4.4: Gäbe es zwei Punkte $u, v \in (c, d)$ mit $u < v$, aber $f(u) > f(v)$, so würde auch ein $\xi \in (c, d)$ mit $f'(\xi) = \dfrac{f(v) - f(u)}{v - u} < 0$ existieren. Widerspruch zu $f' \geq 0$. Also folgt aus $u < v$ stets $f(u) \leq f(v)$. Analog für strenge Monotonie.

A6.4.5: In der Tat ist $p(a) = \dfrac{f(a)(g(b) - g(a)) - g(a)(f(b) - f(a))}{g(b) - g(a)} =$

$= \dfrac{f(a)g(b) - g(a)f(b)}{g(b) - g(a)} = p(b)$. Nach dem Mittelwertsatz für p existiert ein $\xi \in (a, b)$

mit $0 = p'(\xi) = f'(\xi) - \dfrac{f(b) - f(a)}{g(b) - g(a)} g'(\xi)$. Umstellen nach $f'(\xi) / g'(\xi)$ liefert die Behauptung.

A6.4.6: Es ist $\dfrac{f(x)}{g(x)} = \dfrac{f(x) - f(x_0)}{g(x) - g(x_0)} = \dfrac{f'(\xi)}{g'(\xi)}$ für ein geeignetes ξ zwischen x und x_0.

Mit $x \to x_0$ gilt auch $\xi \to x_0$. Hieraus folgt die Behauptung.

A6.4.8: a) 0, b) $-1/2$, c) 0 (Regel 2mal anwenden), d) 0 (Verwenden Sie $x \ln x = \dfrac{\ln x}{1/x}$!).

A6.5.5: $f'(x) = 6x^2 - 12x - 18$ hat Nullstellen bei $x_1 = -1$ und bei $x_2 = 3$. Die Monotonieintervalle von f sind daher $(-\infty, -1)$, $(-1, 3)$, $(3, \infty)$.

A6.5.6: $f'(x) = 6x^2 - 6x - 12$ hat Nullstellen bei $x_1 = -1$ und bei $x_2 = 2$. Beim Durchgang durch die Nullstellen wechselt f' das Vorzeichen, nach 6.5.4 hat f daher bei x_1 ein lokales Maximum, bei x_2 ein lokales Minimum.

A6.5.8: Ungerade Funktion, einzige Nullstelle bei $x_0 = 0$, lokales Minimum bei $x_1 = -1$, lokales Maximum bei $x_2 = 1$, $\lim\limits_{x \to \pm\infty} f(x) = 0$.

A6.5.13: f' hat Nullstellen bei $x_1 = -2$ und $x_2 = 1$. Wegen $f''(-2) = -18$ liegt bei x_1 ein lokales Maximum, wegen $f''(1) = +18$ liegt bei x_2 ein lokales Minimum.

A6.5.14: Es ist $f''(x) = 12x^2 + 12 > 0$ auf **R**, nach 6.5.11 ist f konvex auf **R**.

A6.5.15: Es ist $f''(x) = -\sin x > 0$ für $x \in (\pi + 2k\pi, 2\pi + 2k\pi)$ mit $k \in$ **Z**.

A6.5.16: Gerade Funktion, keine Nullstellen, Maximum bei $x_0 = 0$, $\lim\limits_{x \to \pm\infty} f(x) = 0$. Wendepunkte liegen bei den Nullstellen von f'', also $x_{1,2} = \pm 1$. Die Funktion f ist auf $(-\infty, -1]$ und auf $[1, \infty)$ konvex, sie ist auf $[-1, 1]$ konkav.

A6.5.17: $(\sin x)^{(2n)} = (-1)^n \sin x$, $(\sin x)^{(2n+1)} = (-1)^n \cos x$.

A6.5.18: Beweis durch vollständige Induktion.

A6.6.3: Auf $[-0.5, 0.5]$ ist $|R_5(0, x)| \le 1.7 \cdot 0.5^5 / 5! < 10^{-3}$. Also ist

$$e^x = 1 + x + \frac{x^2}{2} + \frac{x^3}{3!} + \frac{x^4}{4!} \pm 10^{-3}.$$ Mit dieser Formel die Wertetabelle berechnen!

A6.6.4: Die fehlenden Polynome sind $1 + x + \dfrac{x^2}{2}$, $x - \dfrac{x^2}{2}$, $1 + \dfrac{x}{2}$.

A6.6.7: Siehe Figur A.6.6.7 !

A6.6.8: Für $n \to \infty$ gelten:

Zu b) $|R_{n+1}(0, x)| \le \dfrac{1}{(n+1)!} |x|^{n+1} \to 0$,

zu c) $|R_{n+1}(0, x)| = \dfrac{e^\xi}{(n+1)!} |x|^{n+1} \to 0$.

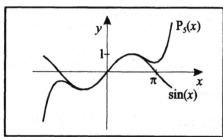

Fig. A.6.6.7: Taylorpolynom für sin(x)

A6.6.10: Es gilt $(\arctan x)' = \dfrac{1}{1 + x^2} = \sum\limits_{k=0}^{\infty} (-x^2)^k = \sum\limits_{k=0}^{\infty} (-1)^k x^{2k}$ nach 4.1.3. Somit ist

$\arctan x = \sum\limits_{k=0}^{\infty} \dfrac{(-1)^k}{2k+1} x^{2k+1} + C$ wegen 6.4.3. Mit $x = 0$ folgt $C = 0$.

A6.7.3: a) $\Delta(u \pm v) = |u(x) \pm v(x) - (u(x_0) \pm v(x_0))| \le |u(x) - u(x_0)| + |v(x) - v(x_0)| = \Delta u + \Delta v$,

b) Analog mit dem Trick aus A5.5.8 oder aus 6.2.1c).

A6.7.5: Mit 6.7.2 ist $\Delta f \approx \dfrac{1}{|x_0|} \cdot \Delta x = \dfrac{1}{20} < 0.1$.

A6.7.6: a) Mit 6.7.2 ist $\Delta\left(\dfrac{1}{v}\right) = \left|-\dfrac{1}{v^2}\right|\Delta v$. b) Mit 6.7.2 ist $\Delta\left(\dfrac{u}{v}\right) = \left|\dfrac{u'v - uv'}{v^2}\right|\Delta x$

$\leq \dfrac{1}{|v|}|u'|\Delta x + \dfrac{|u|}{v^2}|v'|\Delta x = \dfrac{1}{|v|}\Delta u + \dfrac{|u|}{v^2}\Delta v$. Division durch $|u/v|$ ergibt die Behauptung.

A6.7.7: $\Delta V = 4\pi r_0^2 \cdot \Delta r = 5\mathrm{cm}^3$, also $V = (33 \pm 5)\ \mathrm{cm}^3$.

A7.2.6: Mit $h = b/n$ und $x_k = k \cdot h$ folgt mit 1.1.7 $\underline{S}(f, Z_n) = \displaystyle\sum_{k=0}^{n-1} e^{hk} \cdot h = h\sum_{k=0}^{n-1}(e^h)^k =$

$= h \cdot \dfrac{e^{nh} - 1}{e^h - 1} = \dfrac{h}{e^h - 1} \cdot (e^b - 1) \to 1 \cdot (e^b - 1)$ für $h \to 0$. Entsprechend für $\overline{S}(f, Z_n)$.

A7.2.7: $\overline{S}(f, Z_n) = \displaystyle\sum_{k=0}^{n-1} x_k^{-1} \cdot (x_{k+1} - x_k)$, da f monoton fällt. Somit ist

$\overline{S}(f, Z_n) = \displaystyle\sum_{k=0}^{n-1} b^{-k/n} \cdot b^{k/n}(b^{1/n} - 1) = n(\sqrt[n]{b} - 1) \to \ln b$. Entsprechend für $\underline{S}(f, Z_n)$.

Die Formel $n(\sqrt[n]{b} - 1) \to \ln b$ wird übrigens wie folgt bewiesen: Für alle $x \in \mathbf{R}$ gilt

$\left(1 + \dfrac{x}{n}\right)^n \leq e^x$. Durch Umstellen folgt $x \leq n\left(\sqrt[n]{e^x} - 1\right)$, also $x \leq \varliminf_n n\left(\sqrt[n]{e^x} - 1\right)$ für

alle $x \in \mathbf{R}$, also auch für $-x$. Somit ist auch $-x \leq \varliminf_n n\left(\dfrac{1}{\sqrt[n]{e^x}} - 1\right) = \varliminf_n n\left(1 - \sqrt[n]{e^x}\right)$

$= -\varlimsup_n n\left(\sqrt[n]{e^x} - 1\right)$. Das zeigt $\varlimsup_n n\left(\sqrt[n]{e^x} - 1\right) \leq x \leq \varliminf_n n\left(\sqrt[n]{e^x} - 1\right)$, also

$x = \lim_n n\left(\sqrt[n]{e^x} - 1\right)$ für alle $x \in \mathbf{R}$. Mit $x = \ln b$ folgt $\ln b = \lim_n n\left(\sqrt[n]{b} - 1\right)$.

A7.3.2: Es gilt $\underline{S}(D) = 0 \neq 1 = \overline{S}(D)$.

A7.3.3: Mit $f(x) = 1/x$ und $Z = (1, 2, \ldots, K)$ gilt $\overline{S}(f, Z) = \displaystyle\sum_{n=1}^{K-1}\dfrac{1}{n} = 1 + \underline{S}(f, Z) - \dfrac{1}{K}$.

Also ist $\left|\displaystyle\sum_{n=1}^{K-1}\dfrac{1}{n} - \int_1^K\dfrac{1}{x}\,dx\right| = \left|\overline{S}(f, Z) - \int_1^K\dfrac{1}{x}\,dx\right| \leq \left|\overline{S}(f, Z) - \underline{S}(f, Z)\right| = 1 - \dfrac{1}{K} \leq 1$.

A7.3.4: Es sei Z wie beschrieben. Dann ist $\pm\left(\int\limits_a^b f(x)dx - R_n(f)\right) \leq \overline{S}(f,Z) - \underline{S}(f,Z) =$

$$= \sum_{i=1}^n |\overline{f}(I_i) - \underline{f}(I_i)| \cdot h \leq \sum_{i=1}^n L \cdot h \cdot h = L \cdot n \cdot h \cdot h = L\frac{(b-a)^2}{n}.$$

A7.4.2: a) 2, b) e − 1/2.

A7.4.3: c) $\int\limits_a^b f(x)dx \geq \underline{S}(f,Z) \geq 0$ für jede Zerlegung Z wegen $f \geq 0$. d) Aus $f \leq g$ folgt

$g - f \geq 0$. Nach a) und c) ist dann $\int g - \int f = \int(g-f) \geq 0$. e) Folgt aus d) durch Integration der Gleichung $K_1 \leq f \leq K_2$.

A7.4.4: Es sei I ein Teilintervall von $[a, b]$. Für $x, x' \in I$ gilt wegen 1.5.2c) dann $||f(x)| - |f(x')|| \leq |f(x) - f(x')| \leq \overline{f}(I) - \underline{f}(I)$. Hieraus folgt nun $\overline{|f|}(I) - \underline{|f|}(I) \leq \overline{f}(I) - \underline{f}(I)$. Das zeigt $\overline{S}(|f|,Z) - \underline{S}(|f|,Z) \leq \overline{S}(f,Z) - \underline{S}(f,Z)$. Also ist nach 7.2.3 mit f auch $|f|$ integrierbar. Aus $\pm f(x) \leq |f(x)|$ folgt $\pm\int f \leq \int|f|$, also gilt $|\int f| \leq \int|f|$.

A7.4.5: Wäre f nicht identisch Null, so gäbe es ein $x_0 \in [a, b]$ mit $\alpha = |f(x_0)| > 0$. Wegen der Stetigkeit von f existiert ein δ mit $|f(x) - f(x_0)| < \alpha/2$ für alle $x \in [x_0 - \delta, x_0 + \delta]$. Also ist $|f(x)| \geq \alpha/2$ für diese x. Wir setzen $g(x) = \alpha/2$ für $x \in [x_0 - \delta, x_0 + \delta]$ und $g(x) = 0$ sonst. Dann ist $|f| \geq g$ und $\int\limits_a^b|f| \geq \int\limits_a^b g = 2\delta \cdot \alpha / 2 = \delta \cdot \alpha > 0$. Widerspruch.

A7.4.6: Wegen $|f(x)| = |D(x) - 0.5| = 0.5$ für alle $x \in [0, 1]$ ist $|f|$ konstant und damit integrierbar. Wäre aber f integrierbar, so auch $D = f + 0.5$. Das widerspricht 7.3.2.

A7.4.10: f ist beschränkt, sei etwa $|f| \leq K$. Dann gilt für alle $x, x' \in I$ mit $x \leq x'$:

$$|\Phi(x') - \Phi(x)| = \left|\int\limits_x^{x'} f(t)dt\right| \leq \int\limits_x^{x'} |f(t)|dt \leq K|x' - x|.$$ Also ist Φ sogar Lipschitz–stetig.

A7.4.11: O.B.d.A. sei $a < c < b$. Wegen 7.4.8 gilt dann $\int\limits_a^b f = \int\limits_a^c f + \int\limits_c^b f$. Mit $\int\limits_a^b f = -\int\limits_b^a f$ folgt hieraus durch Umstellen die Behauptung.

A7.5.4: a) 7/3, b) 14/3, c) 0, d) ln 2.

A7.6.3: a) $\dfrac{x^3}{3} + \dfrac{3x^2}{2} - x + C$, b) $2e^x - x + C$, c) $-2\cos x\big|_0^\pi = +4$.

A7.6.4: a) $\cos x + x \sin x + C$, b) $e^x (x - 1) + C$. c) Zweimalige Anwendung der Regel ergibt $e^x (x^2 - 2x + 2) + C$, d) $x \ln x - x + C$, e) Sei $I = \int \cos x \cdot \cos x \, dx$. Dann ist

$$I = \cos x \cdot \sin x + \int \sin x \cdot \sin x \, dx = \cos x \cdot \sin x + \int (1 - \cos^2 x) \, dx = \cos x \cdot \sin x + \int 1 - I,$$

also $2I = \cos x \cdot \sin x + \int 1$, und schließlich $I = \frac{1}{2} \cos x \cdot \sin x + \frac{x}{2} + C$.

A7.6.6: a) $-\frac{1}{2} \cos(2x + 1) + C$, b) $\frac{1}{3}(2x - 1)^{3/2} + C$, c) $-\frac{1}{2} \cos x^2 + C$,

d) $\frac{1}{2} \ln(x^2 + 1) + C$, e) $\frac{1}{2}(\ln x)^2 + C$, f) $e^{\sin x} + C$.

A7.6.7: $\int_{-1}^{1} \sqrt{1 - z^2} \, dz = \int_{-\pi/2}^{\pi/2} \sqrt{1 - \sin^2 t} \, \cos t \, dt = \int_{-\pi/2}^{\pi/2} \cos^2 t \, dt = \frac{\pi}{2}$, letzteres mit A7.6.4e).

A7.7.1: a) $\ln|x - 1| - 2\ln|x + 2| + C = \ln \frac{|x - 1|}{(x + 2)^2} + C$, b) $\arctan(x - 1) + \frac{1}{2} \ln(x^2 - 2x + 2)$

$+ 2 \ln|x + 1| + C$.

A7.7.3: Es sei $D = a^2 - b$ die Diskriminante von $g(x) = x^2 + 2ax + b$. **Fall 1:** $D > 0$. Dann hat g zwei verschiedene reelle Nullstellen x_1, x_2. Also ist $f(x) = \dfrac{A}{x - x_1} + \dfrac{B}{x - x_2}$ mit

$A = \dfrac{1}{x_1 - x_2}$, $B = \dfrac{1}{x_2 - x_1}$. Folglich ist $\int f(x) dx = A \ln|x - x_1| + B \ln|x - x_2| + C$.

Fall 2: $D = 0$. Doppellösung. $f(x) = \dfrac{1}{(x - x_1)^2}$. Folglich ist $\int f(x) dx = -\dfrac{1}{x - x_1} + C$.

Fall 3: $D < 0$. g ohne reelle Nullstellen. Mit $r = \sqrt{|D|}$ ist $g(x) = (x + a)^2 + r^2$, also ist

$f(x) = \dfrac{1}{(x + a)^2 + r^2} = \dfrac{1}{r^2} \cdot \dfrac{1}{\left(\frac{x+a}{r}\right)^2 + 1}$. Die Substitution $z = \dfrac{x + a}{r}$, $dx = r \, dz$, ergibt

$\int f(x) dx = \dfrac{r}{r^2} \int \dfrac{1}{z^2 + 1} \, dz = \dfrac{1}{r} \arctan z = \dfrac{1}{r} \arctan \dfrac{x + a}{r} + C$.

A7.8.4: a) ∞, b) $\frac{1}{p-1}$, c) ∞, d) -1.

A7.8.5: Der Integrand ist bei 1 nicht definiert.

A7.8.6: Wegen 7.8.4b) und 4.1.8 konvergiert die Reihe genau für $p > 1$.

A7.8.7: a) Substitution $z = \ln x$, $dz = \dfrac{dx}{x}$, ergibt $\int_{2}^{\infty} \dfrac{1}{x \ln x} \, dx = \int_{\ln 2}^{\infty} \dfrac{1}{z} \, dz = \infty$. Also divergiert die Reihe. b) Gleiche Substitution wie in a) ergibt $\displaystyle\int_2^\infty \frac{1}{x(\ln x)^2}\,dx = \int_{\ln 2}^\infty \frac{1}{z^2}\,dz$

$= \dfrac{1}{\ln 2} < \infty$, also Konvergenz der Reihe.

A7.8.8: b) Der Integrand $f(x) = x^{s-1}e^{-x}$ ist monoton fallend für $s > 0$ und $x > s - 1$ wegen $f'(x) = (s-1-x)x^{s-2}e^{-x} < 0$. Daher ist Cauchys Test, diesmal umgekehrt, zum Nachweis der Konvergenz des Integrals anwendbar. Die Reihe $\displaystyle\sum_{n\geq s} f(n) = \sum_{n\geq s} \frac{n^{s-1}}{e^n}$

konvergiert nach dem Wurzelkriterium, denn es gilt $\sqrt[n]{\dfrac{n^{s-1}}{e^n}} \to \dfrac{1}{e} < 1$. Also ist

$\displaystyle\int_s^\infty f(x)dx < \infty$. Weil aber auch $\displaystyle\int_0^1 f(x)dx \leq \int_0^1 x^{s-1}dx = \frac{1}{s} < \infty$ ist, gilt $\displaystyle\int_0^\infty f(x)dx < \infty$.

c) $\displaystyle\Gamma(s+1) = \int_0^\infty x^s e^{-x}dx = -x^s e^{-x}\Big|_0^\infty + s\int_0^\infty x^{s-1}e^{-x}dx = 0 + s\Gamma(s)$ und $\displaystyle\Gamma(1) = \int_0^\infty e^{-x}dx = 1$.

Hieraus folgt $\Gamma(n+1) = n!$ mittels vollständiger Induktion.

A7.9.6: Mit $f(x) = b\sqrt{1-\left(\frac{x}{a}\right)^2}$ und $g(x) = -f(x)$ ist $A = M_g^f$, also (mit 7.6.7)

$$\mu(A) = \int_{-a}^a (f(x) - g(x))dx = 2\cdot\int_{-a}^a f(x)dx = 2b\int_{-a}^a \sqrt{1-\left(\frac{x}{a}\right)^2}\,dx = 2ba\int_{-1}^1 \sqrt{1-t^2}\,dt = ab\pi .$$

A7.9.7: Schnittpunkte der Kurven $y = x^2$ und $y = x$ aus $x = x^2$ berechnen: $x_1 = 0$, $x_2 = 1$.

Also ist $\displaystyle\mu(A) = \int_0^1 x - x^2 dx = \frac{1}{6}$.

A8.1.3: a) $5 - i$, b) $2i$, c) 2, d) $a^2 + b^2$.

A8.1.5: a) $\frac{7}{2} + \frac{1}{2}i$, b) $\frac{1}{2} + \frac{1}{2}i$, c) $-\frac{1}{4} + \frac{1}{4}i$.

A8.1.8: a) $\overline{\overline{a+bi}} = \overline{a-bi} = a+bi$, b) $\overline{(a+bi)+(c+di)} = \overline{a+c+(b+d)i} = a+c-(b+d)i$

$= (a-bi)+(c-di) = \overline{a+bi} + \overline{c+di}$, 　　　c) $\overline{(a+bi)(c+di)} = \overline{(ac-bd)+(ad+bc)i} =$

$= (ac-bd)-(ad+bc)i = (a-bi)(c-di) = \overline{a+bi}\cdot\overline{c+di}$.　　　d) $|a+bi|^2 = a^2 + b^2 =$

$= (a+bi)(a-bi) = (a+bi)\overline{(a+bi)}$.

A8.2.3: a) $z = \sqrt{8}\left(\cos\frac{\pi}{4} + i\sin\frac{\pi}{4}\right)$, b) $z = 1\left(\cos\frac{\pi}{2} + i\sin\frac{\pi}{2}\right)$, c) $z = 1\left(\cos\frac{3}{2}\pi + i\sin\frac{3}{2}\pi\right)$,

d) $z = 2\left(\cos\frac{\pi}{2} + i\sin\frac{\pi}{2}\right)$.

A8.2.4: a) $z = \frac{\sqrt{2}}{2} + \frac{\sqrt{2}}{2}i$, b) $z = -2i$, c) $z = \cos 1 + i\sin 1 \approx 0.54 + 0.84i$.

A8.2.5: Es sei $z = r(\cos\varphi + i\sin\varphi)$. Wegen $i = \left(\cos\frac{\pi}{2} + i\sin\frac{\pi}{2}\right)$ ergeben die Moivre-

schen Formeln $i \cdot z = r\left(\cos\left(\varphi + \frac{\pi}{2}\right) + i\sin\left(\varphi + \frac{\pi}{2}\right)\right)$. Das ist eine Drehung des Pfeiles $\overrightarrow{0z}$

um $\pi/2$.

A8.2.6: Ist φ ein rationales Vielfaches von 2π, so bilden die Potenzen z^n ein regelmäßi-

ges Vieleck auf dem Kreis. Ist $\dfrac{\varphi}{2\pi}$ irrational, so liegt die Menge $\{z^n : n \in \mathbf{N}\}$ der Poten-

zen „dicht", aber nicht lückenlos auf der Kreislinie.

A8.2.7: $z^2 = 1$: Lösungen sind $z_{1,2} = \pm 1$. $z^3 = 1$: Lösungen sind $z_1 = 1$, $z_2 = \cos 120^0 +$

$+i\sin 120^0$, $z_3 = \cos 240^0 + i\sin 240^0$ (gleichseitiges Dreieck). $z^4 = 1$: Lösungen sind

$z_{1,2} = \pm 1$, $z_{3,4} = \pm i$ (auf der Spitze stehendes Quadrat). $z^5 = 1$: Lösungen sind

$z_1 = 1$, $z_2 = \cos 72^0 + i\sin 72^0$ usw. (regelmäßigen Fünfeck).

A8.2.8: $(\cos\varphi + i\sin\varphi)^n = \cos n\varphi + i\sin n\varphi = i \Leftrightarrow \cos n\varphi = 0$ und $\sin n\varphi = 1 \Leftrightarrow n\varphi = \frac{\pi}{2} + 2k\pi$.

Die Lösungen von $z^n = i$ sind also $z_k = \cos\varphi_k + i\sin\varphi_k$ mit $\varphi_k = \frac{1+4k}{2n}\pi$ für

$k = 0,\ldots,n-1$.

A8.3.7: a) $z_n \to 1 + 0i$, b) $z_n \to 1 - i$, c) $z_n \to 0$.

A8.3.8: Folgt aus 8.3.3 oder aus $\big||z| - |z_n|\big| \le |z - z_n|$.

A8.3.9: Man wiederhole 4.3.2 und 4.4.2.

A8.3.10: a) $\dfrac{(z+h)^2 - z^2}{h} = \dfrac{z^2 + 2hz + h^2 - z^2}{h} = 2z + h \to 2z$ für $h \to 0$. b) Analog.

A8.3.11: Aus $|z| > 1$ folgt $\big|z^n\big| = |z|^n \to \infty$.

A8.3.12: Der Beweis aus A5.4.3 kann auf den komplexen Fall übertragen werden.

A8.5.4: Aus 8.5.3 folgt $e^{2k\pi i} = \cos 2k\pi + i\sin 2k\pi = 1$ für alle $k \in \mathbf{Z}$.

A8.5.5: $-z$ in die Potenzreihendarstellung einsetzen!

A8.5.6: a) Aus 8.5.3 und 8.5.5 folgen die beiden Formeln $e^{\pm iz} = \cos z \pm i \sin z$. Die Behauptungen folgen durch Addition bzw. Subtraktion dieser Formeln. b) Folgt aus a) mit $z = i$.

A8.5.8: Mit $z = x + iy$ ergibt sich $g(z) =$
$= \mathrm{Re}(z^2) = \mathrm{Re}(x^2 + i^2 y^2 + 2xyi) = x^2 - y^2$,
der Graph ist also eine Sattelfläche.

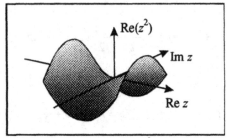

Fig. 8.5.8: Graph von $\mathrm{Re}(z^2)$

Literatur

DEDEKIND, R.: Stetigkeit und irrationale Zahlen. 7. Aufl. Braunschweig: Vieweg 1969; 8. Aufl. Berlin: Deutscher Verlag der Wissenschaften 1967.

HEUSER, H.: Lehrbuch der Analysis, Teil 1, 2. 11.,9. Aufl. Stuttgart: Teubner 1994, 1995.

HISCHER, H.; SCHEID, H.: Grundbegriffe der Analysis. Heidelberg: Spektrum Akademischer Verlag 1995.

KÖNIGSBERGER, K: Analysis 1. Berlin: Springer Verlag 1990.

KOEPF, W.; BEN-ISRAEL, A.; GILBERT, B.: Mathematik mit DERIVE. Braunschweig/ Wiesbaden: Vieweg 1993.

LEHMANN, I.; SCHULZ, W.: Mengen - Relationen - Funktionen. mathematik-abc für das Lehramt. Leipzig: Teubner 1997.

SCHÄFER, W.; GEORGI, K.; TRIPPLER, G.: Mathematik-Vorkurs. 3. Aufl. Leipzig: Teubner 1997.

SCHIROTZEK, W.; SCHOLZ, S.: Starthilfe Mathematik. 2. Aufl. Leipzig: Teubner 1997.

TOPPING, J.: Fehlerrechnung. Weinheim: Physik Verlag 1975.

WUSSING, H.: Vorlesungen zur Geschichte der Mathematik. Berlin: Deutscher Verlag der Wissenschaften 1989.

ZEIDLER, E. (Hrsg.): TEUBNER-TASCHENBUCH der Mathematik. Begründet von BRONSTEIN, I.N.; SEMENDJAJEW, K.A. Leipzig: Teubner 1996.

Stichwortverzeichnis

Göthner
Elemente
der Algebra

**Eine Einführung in Grund-
lagen und Denkweisen**

Von Dozent Dr. **Peter Göthner**
Universität Leipzig

1997. 172 Seiten mit 38 Bildern.
16,2 x 22,9 cm.
(mathematik-abc für das Lehramt)
Kart. DM 28,80
ÖS 210,– / SFr 26,–
ISBN 3-8154-2122-5

Dieses Lehrbuch ist eine Einführung in Grundbegriffe der Algebra. Es enthält Aussagen über Teil-
barkeit in Integritätsbereichen so-
wie über typische Verfahren zur
Konstruktion von Strukturen. Dabei werden Beziehungen zu zahlen-
theoretischen und geometrischen
Zusammenhängen hergestellt. Insbesondere werden strukturelle
Hintergründe des Aufbaus von
Zahlbereichen beleuchtet. Viele
typische Beispiele und »Gegen-
beispiele«, die den algebraischen
Inhalten unmittelbar zugeordnet
sind, fördern das Verständnis für
die Zusammenhänge ebenso wie
die sich eng an das Beispielmaterial
anschließenden Übungen. Lösungshinweise komplettieren das Buch.
Für das Verständnis der Inhalte sind
nur geringe mathematische Vor-
kenntnisse erforderlich. »Elemente
der Algebra« spricht all jene an,
die an einer behutsamen Einführung in die Gedankenwelt der
algebraischen Strukturen interes-
siert sind.

Preisänderungen vorbehalten.

B. G. Teubner Stuttgart · Leipzig

Menzel
Algorithmen

**Vom Problem
zum Programm**

Von Prof. Dr. **Klaus Menzel**
Pädagogische Hochschule
Schwäbisch Gmünd

1997. 128 Seiten mit 15 Beispielen
und 14 Aufgaben.
16,2 × 22,9 cm.
(mathematik-abc für das Lehramt)
Kart. DM 26,80
ÖS 196,– / SFr 24,–
ISBN 3-8154-2116-0

Für die konkreten Lösungen einer
mathematischen Aufgabe ist immer
ein bestimmter Algorithmus erforderlich. Vom Euklidischen Algorithmus (1000 v. Chr.) zur Ermittlung des größten gemeinsamen
Teilers zweier natürlicher Zahlen
bis zur Lösung linearer Gleichungs-
systeme mit dem Gaußschen Algorithmus (19. Jh.) sind Algorithmen
unverzichtbar. Dieser Band behandelt numerische Algorithmen, die
in der traditionellen Schulmathe-
matik eine wichtige Rolle spielen.
Ziel ist es dabei, nicht nur die einzelnen Algorithmen kennenzuler-
nen, sondern zugleich die algorithmische Methodik zu erfahren, die
zur Elementarisierung mathematischer Probleme und zur Lösung in
endlich vielen Schritten führt. Darüber hinaus werden nichtnumeri-
sche Such-, Sortier- und Simu-
lationsalgorithmen dargestellt, die
sich in der Schule in spielerischer
und kreativer Weise behandeln lassen.

Preisänderungen vorbehalten.

B. G. Teubner Stuttgart · Leipzig

Lehmann/Schulz
Mengen –
Relationen –
Funktionen

Eine anschauliche Einführung

Von Dr. **Ingmar Lehmann**
und Prof. Dr. **Wolfgang Schulz**
Humboldt-Universität zu Berlin

1997. 136 Seiten mit 65 Bildern.
16,2 x 22,9 cm.
(mathematik-abc für das Lehramt)
Kart. DM 26,80
ÖS 196,– / SFr 24,–
ISBN 3-8154-2115-2

Das Lehrbuch »Mengen – Rela-tionen – Funktionen« ist eine leicht verständliche Einführung in wichtige Grundbegriffe der Mathematik, und es wendet sich sowohl an künftige als auch an bereits unterrichtende Mathematiklehrer.

Die zentralen Begriffe Mengen, Relationen und Funktionen sind feste Bestandteile des Mathematikunterrichts in allen Schulformen. Viele mathematische Zusammenhänge lassen sich mit Hilfe des Mengenbegriffs anschaulich und einfach darstellen. Die wichtigsten hierfür erforderlichen Grundlagen werden im Kapitel »Mengen« bereitgestellt. Den Schwerpunkt im Kapitel »Relationen« bilden die Äquivalenzrelationen und die Ordnungsrelationen, mit denen sich Mengen strukturieren lassen. Im Kapitel »Funktionen« werden vorzugsweise solche grundlegenden Begriffe behandelt, die einerseits im Mathematikunterricht bereits im Vorfeld der Analysis eine Rolle spielen, andererseits der Vorbereitung auf die Differential- und Integralrechnung dienen.

Preisänderungen vorbehalten.

B. G. Teubner Stuttgart · Leipzig